Farbenprüfung

Ein Leitfaden
für Fachschulen der farbenverarbeitenden Gewerbe
und für den Selbstunterricht

Von

Ing. Gustav Sochatzy

Lehrer für Werkstoffkunde an den fachlichen Fortbildungsschulen für Zimmer- und Dekorationsmaler, Anstreicher und Lackierer in Wien

Mit 11 Textabbildungen und 1 Tafel

Springer-Verlag Berlin Heidelberg GmbH

ISBN 978-3-7091-5884-5 ISBN 978-3-7091-5934-7 (eBook)
DOI 10.1007/978-3-7091-5934-7

Vorwort.

Auf Anregungen, die mir sowohl aus Fachschulkreisen als auch aus der Praxis unseres Gewerbes seit Jahren zugegangen sind, habe ich mich zur Herausgabe dieses Leitfadens entschlossen. Mein Buch baut auf den Erfahrungen auf, die ich bei meinen Arbeiten und Übungen im Laboratorium mit den Lehrlingen gewonnen habe. Diese Erfahrungen zeigen, daß bei entsprechender Anleitung der Schüler bei der praktischen Untersuchung der Farben, der für den Maler und Anstreicher wichtigsten Werkstoffe, ansehnliche Erfolge erzielt wurden. Diese Erfolge haben mich ermutigt, meine Erfahrung und meine Lehrmethoden als Leitfaden niederzuschreiben und damit den Fachschulen für Maler und Anstreicher und ähnlichen Anstalten ein Unterrichtsmittel für Lehrer und Schüler zu bieten.

Ich hoffe aber auch, daß Meister und Gehilfen Nutzen aus diesem Buche ziehen werden. Es setzt sie in den Stand, mit Hilfe einfacher, leicht faßlicher und ebenso leicht durchführbarer Methoden Farben, die zur Verwendung gelangen sollen, auf ihre Eignung, Qualität und musterrechte Lieferung zu prüfen.

Wenn damit mein Buch dazu beitragen würde, die lernende Jugend in ihrer Berufsausbildung zu fördern und die Erfahrungen unserer Meister und Gehilfen zu erweitern, so sehe ich den Zweck dieses Leitfadens als erfüllt an.

Wien, im April 1936.

Ing. Gustav Sochatzy.

Inhaltsverzeichnis.

Erster Abschnitt.

Hilfsmittel zur Farbenuntersuchung.

Die praktische Farbenuntersuchung und Prüfung auf Streckungs- und Verfälschungsmittel setzt das Vorhandensein einer Reihe von Stoffen bekannter Zusammensetzung in fester Form oder als Lösungen, sowie eine Anzahl einfacher Geräte voraus. Diese Stoffe, deren Zusammensetzung einwandfrei bekannt sein muß, heißen auch mit einem Fremdwort Reagenzien; sie dienen zur Erkennung unbekannter Stoffe, wenn sie mit solchen zusammengebracht werden. Es kann hierbei eine mit unseren Sinnen wahrnehmbare Veränderung eintreten oder ausbleiben. Man spricht im ersten Falle von einer positiven Reaktion, während im zweiten Falle von einer negativen Reaktion die Rede ist. Auch eine solche kann im Gange der Untersuchung wertvolle Anhaltspunkte bieten, wenngleich wahrnehmbare Veränderungen zu bevorzugen sind.

Diese Veränderungen können verschiedener Art sein. Die Bildung von Niederschlägen, die Entstehung von Verfärbungen oder die Entwicklung von Gasen ist sichtbar, Erwärmung oder Abkühlung ist fühlbar, das Entstehen eigentümlicher Gase und Dämpfe kann mit dem Geruchssinn wahrgenommen werden, die Entwicklung von Gasen ist außerdem fast immer hörbar und zuletzt ließe sich auch so manche Veränderung durch den Geschmack nachweisen, wenngleich diese Methode unbedingt zu verwerfen und verboten ist, weil das fallweise Vorhandensein oder Entstehen giftiger Stoffe zu schweren gesundheitlichen Schädigungen führen könnte. Zumeist sind die praktischen Erkennungsmerkmale (positive Reaktionen) mit den Augen und der Nase wahrnehmbar. Gute Beobachtung aller sich bei der Vereinigung bekannter Stoffe mit unbekannten abspielenden Veränderungen ist die Voraussetzung für den Erfolg angestellter Versuchsarbeiten.

A. Die Reagenzien.

Als solche werden Chemikalien von bekannter Zusammensetzung in reinster Form angewendet. Beim Einkauf derselben ist besonders auf garantierte Reinheit Gewicht zu legen; nur dann können Versuchsarbeiten wirklich einwandfrei durchgeführt werden und es ist hier unbedachte Sparsamkeit nicht am Platze. Diese Reagenzien sind, wenn sie auch meistenteils nicht als Gifte im Sinne des Giftgesetzes zu bezeichnen sind, Stoffe, die bei unsachgemäßer Aufbewahrung und unvorsichtigem Gebrauch Gesundheitsstörungen zur Folge haben können. Deshalb mache man es sich zur Gewohnheit, diese Stoffe niemals an Stellen zu verwahren, wo sie mit Nahrungsmitteln od. dgl. verwechselt werden könnten. Sie sind immer eindeutig und dauerhaft durch Anbringung von auffallenden Etiketten zu bezeichnen. Nicht zu unterlassen ist das Aufkleben einer roten, die ganze Flasche umgebenden Banderole mit der Aufschrift „Vorsicht" für Gefäße, in denen Säuren und Laugen vorrätig gehalten werden. Außerdem empfiehlt sich aber auch die Anschaffung von Glasgefäßen mit eingeriebenen Glasstopfen, die einen besonders guten Verschluß gewährleisten. Korkstopfen sind nur dann zu wählen, wenn in den Vorratsgefäßen ungefährlichere und nicht wasseranziehende Stoffe verwahrt sind. Im Interesse des guten Gelingens der angestellten Prüfungen ist peinlichste Sauberkeit bei der Verwahrung und Arbeit mit den Reagenzien oberstes Gebot. Man vermeide aus diesem Grunde das Offenstehenlassen der Reagenzienflaschen und das Vertauschen der Stopfen untereinander; man sehe darauf, daß alle Arbeitsgeräte stets nach Beendigung der Arbeit tadellos gereinigt werden. Auch unterlasse man es, einmal einem Vorratsgefäß entnommene Chemikalien wieder in dasselbe zurückzugießen, weil dadurch die Möglichkeit einer Verunreinigung des Vorrates zu leicht gegeben ist.

Ihrer Zusammensetzung nach können die zur Farbenprüfung verwendeten Reagenzien in mehrere Gruppen eingeteilt werden:

a) Säuren.

Es sind dies Flüssigkeiten, die zumeist durch Lösung einer Verbindung eines nichtmetallischen chemischen Elementes mit dem Sauerstoff der Luft (Nichtmetalloxyd) in Wasser erhalten werden. Wird z. B. Schwefel an der Luft verbrannt, so entsteht als Verbrennungsprodukt ein stechend riechendes Gas, das Schwefeldioxyd, das sich in Wasser zu einer sauer schmeckenden Flüssigkeit, der schwefligen Säure, löst. Auf ähnliche Art entsteht die Salpetersäure. Hier ist das Ausgangsprodukt zu ihrer Herstellung das Stickstoffgas, ein Nichtmetall, das mit Luftsauerstoff verbunden, ein Stickstoffoxyd bildet; wird dieses in Wasser gelöst, so entsteht eine saure Flüssigkeit, die Salpetersäure.

Es gibt jedoch auch Säuren, die nicht durch Lösung eines Nichtmetalloxyds in Wasser entstehen. Hierzu zählen die sogenannten Halogenwasserstoffsäuren, deren wichtigster Vertreter die Salzsäure ist, und viele organische Säuren, von denen in der Farbenuntersuchung nur die Essigsäure und ein Salz der Oxalsäure (Kleesäure) Anwendung finden.

Alle Säuren haben nicht nur den sauren Geschmack und die Eigenschaft gemeinsam, scharf ätzend zu wirken, sie sind auch an einer gemeinsamen Reaktion erkennbar: Blauer Lackmusfarbstoff verfärbt sich beim Zusammenbringen mit irgendeiner Säure rot.

Aus der großen Zahl bekannter Säuren anorganischer (mineralischer) und organischer (tierischer und pflanzlicher) Herkunft sind drei Mineralsäuren und eine organische Säure für die Farbenuntersuchung wichtig:

1. Salzsäure.

In konzentriertem, chemisch reinem Zustand ist sie eine schwach rauchende, wasserhelle Flüssigkeit von stark ätzender Wirkung. Gelbe Salzsäure ist für die Farbenuntersuchung ungeeignet, weil sie eisenhaltig und demzufolge für die Erkennung eisenhaltiger Farben unverwendbar ist; sie würde auch sonst eindeutige Reaktionen undeutlich machen. Zweckmäßig wird sie im Verhältnis 1 : 1 mit Wasser gemischt, d. h. man gießt gleiche Teile konzentrierter Salzsäure und reines Wasser zusammen. Sie und ihre Salze, Chloride genannt, sind an einer gemeinsamen Reaktion erkenntlich: Eine Lösung von salpetersaurem Silber (Höllenstein) scheidet bei Zusatz von Salzsäure oder einem salzsauren Salz, Chlorid, wie z. B. das Kochsalz (Natriumchlorid), einen weißen, käsigen Niederschlag aus, der sich im Licht alsbald grauviolett verfärbt.

2. Schwefelsäure.

Diese Säure zählt zu den stärksten Säuren, die man überhaupt kennt; sie ist in konzentriertem Zustand eine dickölige, wasserhelle Flüssigkeit, die so wie die Salzsäure vor ihrer Verwendung verdünnt werden muß. Wegen ihrer heftig wasseranziehenden Wirkung erhitzt sie sich bei der Verdünnung mit Wasser stets sehr stark. Äußerste Vorsicht ist hier geboten, um Verätzungen zu vermeiden. Man verfährt deshalb bei der Verdünnung folgendermaßen: In einem geräumigen Gefäß werden zwei Teile Wasser vorbereitet und in dieses wird ein Teil konzentrierte Schwefelsäure langsam, partienweise unter ständigem Umrühren mit einem Glasstab eingegossen. Ist die Erwärmung zu stark, so muß man zwischendurch abkühlen lassen. Niemals darf Wasser in die Säure geschüttet werden, weil dann die Vereinigung der beiden Flüssigkeiten explosionsartig verlaufen kann!! Die Schwefelsäure und ihre Salze, die Sulfate, sind auch an einer gemeinsamen Reaktion erkennbar: Eine Lösung von salzsaurem Barium in Wasser scheidet bei Zusatz von Schwefelsäure oder einem schwefelsauren Salz, Sulfat, z. B. Kupfersulfat (Kupfervitriol), einen weißen pulvrigen Niederschlag aus, der infolge seiner Schwere sehr rasch zu Boden sinkt; er ist schwefelsaures Barium (künstlich hergestellter Schwerspat = Blanc fixe).

3. Salpetersäure.

Die konzentrierte Salpetersäure ist eine wasserhelle, stark ätzende Flüssigkeit, die sich im Lichte mitunter infolge Ausscheidung von Stickstoffoxyd bräunt. Bei Verdünnung mit Wasser verschwindet diese braune Färbung; sie ist an sich belanglos. Salpetersäure muß wie die Schwefelsäure im Verhältnis 1 : 2, d. h. ein Teil Salpetersäure mit zwei Teilen reinen Wassers verdünnt werden und es empfiehlt sich auch hier die Beobachtung größter Vorsicht! (Säure ins Wasser gießen, nicht umgekehrt!) Die Salpetersäure und ihre Salze, die Nitrate, haben auch eine gemeinsame Reaktion, die jedoch, um zu gelingen, genau nach Vorschrift ausgeführt werden muß: Es wird der salpetersäure- oder nitrathaltigen Flüssigkeit eine konzentrierte Lösung von Eisenvitriol in Wasser zugesetzt; dieses Gemisch wird dann mit konzentrierter Schwefelsäure, die infolge ihres hohen spezifischen

Gewichtes rasch zu Boden sinkt, ohne sich sofort mit der anderen Flüssigkeit zu mischen, unterschichtet. An der Trennungsfläche zeigt sich ein tief dunkelbrauner Ring, der ausbleibt, wenn die zu untersuchende Flüssigkeit weder Salpetersäure noch ein salpetersaures Salz enthielt.

4. Essigsäure.

Sie ist die einzige organische Säure, die in der Farbenprüfung manchmal gebraucht wird; sie kann direkt in konzentriertem Zustand verwendet werden. In ihrer Wirkung wesentlich schwächer als die Mineralsäuren, besitzt sie gemeinsam mit ihren Salzen, den Azetaten, die Eigenschaft, eine gelbe Eisenchloridlösung rot zu färben.

b) Laugen (Basen).

Sie entstehen durch Lösung der Verbindung eines Leichtmetalles mit dem Sauerstoff der Luft (Leichtmetalloxyd) in Wasser. Z. B. Kalziummetall, mit Sauerstoff verbunden, ist ein rein weißer Körper (gebrannter Kalk), der — in Wasser gelöst — Kalklauge (gelöschten Kalk) liefert. Auch die Laugen oder Basen sind an ihrem, ihnen eigentümlichen, seifigen Geschmack und ihrer ätzenden Wirkung erkennbar und geben eine gemeinsame Reaktion: Roter Lackmusfarbstoff verfärbt sich beim Zusammenbringen mit ihnen blau. Ein weiteres gutes Erkennungsmerkmal zeigen die Laugen durch ihr Verhalten gegenüber einer alkoholischen Phenolphtaleïnlösung; mit Hilfe dieser lassen sich schon geringe Laugenmengen an einer intensiven Rotfärbung erkennen. Für die Farbenuntersuchungen sind nur zwei Laugen erforderlich:

1. Natronlauge oder Kalilauge,

zwei einander sehr ähnliche Stoffe fast gleichartiger Wirkung, die man durch Auflösung von festem Ätznatron oder Ätzkali (Laugenstein) in Wasser erhält. Gewöhnlicher Laugenstein ist zu sehr verunreinigt, weshalb reines Ätznatron, das in Stangen oder Plätzchen (Ostan) erhältlich ist, genommen werden muß. Erkennbar sind diese Laugen an ihrem Verhalten gegenüber einer Lösung von Kupfervitriol in Wasser. Werden diese beiden Flüssigkeiten zusammengebracht, so entsteht ein hellblauer, pappiger Niederschlag, der sich auch dann nicht löst, wenn ein Überschuß von Lauge zugegeben wird.

2. Ammoniak (Salmiakgeist).

Diese Lauge entsteht zwar nicht durch Lösung eines Leichtmetalloxydes in Wasser, ist aber dennoch in ihrer Wirkung der Natron- und Kalilauge sehr ähnlich. Sie ist eine leichte Flüssigkeit, die aus einer Kupfersalzlösung den gleichen hellblauen Niederschlag ausfällt wie Natron- und Kalilauge. Dieser Niederschlag löst sich aber im Überschusse von Salmiakgeist mit tief dunkelblauer Farbe auf. Überdies ist Salmiakgeist an seinem typisch stechenden Geruch einwandfrei erkennbar.

c) Salze.

Salze sind feste Körper, die sich durch Vereinigung von Säuren mit Laugen bilden. Sie werden nach dem Metall der Lauge und der Säure, aus denen sie gebildet wurden, benannt. So bezeichnet man z. B. eine Verbindung von Kohlensäure mit Natronlauge als kohlensaures Natrium, eine Verbindung von Chromsäure mit Kalilauge als chromsaures Kali usw.

Außer den vorgenannten deutschen Salzbezeichnungen sind jedoch vielfach noch Salznamen gebräuchlich, die von den lateinischen Namen der Elemente abgeleitet werden. Die wichtigsten dieser Namen sind nachstehend angegeben. Es heißen die

Salze der Salzsäure	Chloride
,, ,, Schwefelsäure	Sulfate (Vitriole)
,, ,, schwefeligen Säure	Sulfite
,, ,, Schwefelwasserstoffsäure	Sulfide
,, ,, Salpetersäure	Nitrate
,, ,, Kieselsäure	Silikate
,, ,, Borsäure	Borate
,, ,, Kohlensäure	Karbonate
,, ,, Eisenzyansäure	Ferrozyanide
,, ,, Essigsäure	Azetate
,, ,, Oxalsäure	Oxalate

Zur Farbenuntersuchung werden vornehmlich Salze angewendet, die sich in Wasser zu einer klaren Flüssigkeit zu lösen vermögen. Welche Salze in Form von Lösungen und welche in fester Form angewendet werden, ist in der tieferstehenden Aufzählung angegeben. Die Bereitung der Vorratslösungen ist im Anhange genau beschrieben. Zur Farbenprüfung werden folgende Salze verwendet:

1. Soda (Natriumkarbonat).

Sie ist ein weißes, wasserlösliches Salz, ihrer Zusammensetzung nach kohlensaures Natrium (Natriumkarbonat) und erscheint in zwei Formen im Handel: wasserhaltige (Kristall-) Soda und wasserfreie (kalzinierte) Soda. Erstere enthält infolge ihres großen Wassergehaltes nur etwa ein Drittel wirksamer Soda und ist deshalb weniger geeignet. Zur Farbprüfung verwendet man besser kalzinierte, pulvrige Soda. Ihre wäßrige Lösung zeigt laugenhafte (basische) Eigenschaften und färbt daher rote Lackmuslösung blau, Phenolphtaleïnlösung rot. Erkennbar ist sie an dem lebhaften Aufbrausen und Rauschen beim Übergießen mit irgendeiner Säure, wobei die äußerst schwache Kohlensäure ausgetrieben wird.

2. Ammoniumkarbonat

ist der Soda nahe verwandt; es ist eine Verbindung von Kohlensäure mit Ammoniak und bildet weiße Kristalle, die sich in Wasser leicht lösen. Infolge seines Kohlensäuregehaltes braust es ebenso, wie alle kohlensauren Salze, beim Zusatz stärkerer Säuren auf.

3. Schwefelnatrium (Natriumsulfid).

Dieses weiße, leicht zerfließliche Salz löst sich in Wasser gut auf. Es ist ein wichtiges Erkennungsmittel für Blei-, Kupfer- und Kobaltfarben, die es schwärzt. Es ist daher an seinem Verhalten gegenüber Blei-, Kupfer- und Kobaltsalzlösungen leicht erkennbar, indem es mit diesen einen braunen bis schwarzen Niederschlag liefert.

4. Gelbes Blutlaugensalz (Kaliumferrozyanid)

ist eine ungiftige Eisen-Zyan-Verbindung, die zum Nachweis eisenhaltiger Farben herangezogen wird. Deshalb ist es auch an seinem Verhalten gegenüber Eisensalzlösungen (blauer Niederschlag) leicht und sicher erkennbar.

5. Borax (Natriumborat),

ein weißes Salz, hat die Eigenschaft, wenn es hoch erhitzt wird, eine glasklare Schmelze zu liefern und ist er an diesem Verhalten sofort erkennbar. Er wird zum Nachweis von Eisen-, Chrom- und Kobaltfarben verwendet.

6. Bariumchlorid (salzsaures Barium)

ist ein weißes, in kleinen Kristallen kristallisierendes Salz von hohem spezifischen Gewicht. Als wäßrige Lösung dient es zum Nachweis von Schwefelsäure und schwefelsauren Salzen.

7. Ammoniumoxalat (oxalsaures Ammonium)

dient in wäßriger Lösung zum Nachweis von Kalksalzen, mit denen es einen feinen, seidig glänzenden, weißen Niederschlag bildet.

8. Kobaltnitrat (salpetersaures Kobalt)

ist ein violettrot kristallisierendes Salz, das sich in Wasser außerordentlich leicht löst. Für diese Lösung hat sich die Bezeichnung Kobaltsolution (zu deutsch „Lösung“) eingebürgert.

9. Bleizucker (Bleiazetat-essigsaures Blei)

ist ein weißes Salz, das sich in Wasser leicht löst. Die Bezeichnung Bleizucker verdankt es seinem süßlichen Geschmack. Es ist, wie alle Bleiverbindungen, giftig. Verwendet wird es in Form einer wäßrigen Lösung zum Chromnachweis und als Reagenspapier (s. d.) zum Nachweis von Schwefelwasserstoffgas.

10. Magnesiumchlorid (salzsaures Magnesium)

dient im Verein mit Ammoniumchlorid (salzsaures Ammonium-Salmiaksalz) zur Herstellung der sogenannten Magnesiamixtur, die zum Nachweis der Phosphorsäure in den tierischen Schwärzen gebräuchlich ist.

11. Silbernitrat (salpetersaures Silber, Höllenstein)

ist ein ein Plättchen kristallisierendes weißes Salz, das in fester Form zum Nachweis von Arsen angewendet wird.

12. Salpeter (Natriumnitrat-salpetersaures Natrium)

kommt kristallisiert und pulvrisiert im Handel vor. Nur letzterer findet in der Farbenprüfung Verwendung.

d) Andere Reagenzien.

1. Schwefel.

Dieser chemische Grundstoff wird in verschiedener Form gehandelt. Für die Zwecke der Farbenprüfung sind pulvrisierter Stangenschwefel oder Schwefelblumen gleicherweise verwendbar. Er dient zum Nachweis des Antimons im Neapelgelb.

2. Phenolphtaleïn.

Dieses weiße Pulver ist in Wasser unlöslich, löst sich jedoch in absolutem Alkohol sehr leicht. Es wird als Indikator (Anzeiger) für das Vorhandensein von Laugen (Basen) verwendet.

e) Reagenspapiere.

Lackmusfarbstoff und einige andere Reagenzien werden zweckmäßig nicht in fester Form oder als Lösungen zur Farbenprüfung herangezogen. Es werden vielmehr Filtrierpapierstreifen mit den Lösungen dieser Reagenzien getränkt, getrocknet und in dieser Form angewendet. Solche Reagenspapiere ließen sich ohne weiteres selbst herstellen, dennoch empfiehlt es sich, fertige Papiere zu kaufen, da der Aufwand für die umständliche und sorgfältige Herstellung kaum mit dem Preis der fertigen Ware in Einklang zu bringen ist. Alle Reagenspapiere müssen vor Verwendung mit etwas Wasser angefeuchtet werden.

1. Lackmuspapier rot und blau

dient zur Erkennung von Säuren und Laugen und muß, soll es seinen Farbton beibehalten, gut verschlossen aufbewahrt werden.

2. Bleizuckerpapier (Bleiazetatpapier)

wird erhalten durch Tränken von Filtrierpapierstreifen in einer Lösung von essigsaurem Blei (Bleizucker). Es ist weiß und dient zur Erkennung von Schwefelwasserstoffgas. Auch dieses Papier muß unter gutem Verschluß gehalten werden.

3. Jodkalistärkepapier

erzeugt man durch Tränken von Filtrierpapier in einer Stärkelösung, der Jodkalisalz (Kaliumjodid) zugesetzt wurde. Mit seiner Hilfe läßt sich Chlorgas erkennen.

B. Geräte.

Ebenso wie zur Durchführung handwerksmäßiger Arbeiten Werkzeuge aller Art erforderlich sind, ist auch für die praktische Farbenuntersuchung die Beschaffung einiger Geräte unerläßlich. Soweit sie nicht selbst mit einfachen Mitteln hergestellt werden können, empfiehlt sich die Beschaffung aus einem Spezialgeschäft, wo sie jederzeit in richtiger und zweckmäßiger Ausführung vorrätig sind.

1. Gefäße

zur Aufbewahrung der Flüssigkeiten und festen Stoffe, die als Erkennungsmittel (Reagenzien) dienen, sollen, wie bereits besprochen, Flaschen und Gläser mit Glasstopfen (Reagenzienflaschen und Pulvergläser) sein. Sehr geeignet erscheinen Glasstopfenflaschen mit flachgedrückten Griffstopfen, die das einhändige Öffnen und Schließen der Flasche ohne Weglegen des Stopfens zulassen. Man klemmt den Stopfen zwischen Zeige- und Mittelfinger der rechten Hand — Handrücken nach abwärts gerichtet —, lüftet denselben und kann dann leicht die Flasche mit den übrigen Fingern der Hand erfassen. So wird vermieden, daß Säure- oder Laugentropfen auf den Arbeitstisch gelangen, von wo sie dann mit den Kleidern leicht in Berührung kommen und auf denselben unentfernbare Flecken oder gar Löcher hinterlassen könnten.

Die für die Aufbewahrung von Lauge und Schwefelnatriumlösung bestimmten Reagenzienflaschen sollen, im Gegensatze zu den anderen, keinen Glasstopfen besitzen; weit besser eignen sich hierfür Stopfen aus Kautschuk, da sich Glasstöpsel mit den genannten Lösungen zu leicht im Flaschenhals festfressen und dann nur schwer oder gar nicht mehr zu entfernen sind.

Als Vorratsgefäß für Kobaltnitratlösung (Kobaltsolution) eignet sich am besten ein mit einem Kautschukhütchen versehenes Pipettenfläschchen, das leicht eine tropfenweise Entnahme der Flüssigkeit, wie dies im Untersuchungsgange stets gefordert wird, zuläßt. Zu ihrem Gebrauche quetscht man das Gummihütchen mit Daumen und Zeigefinger der rechten Hand zusammen, läßt los und hebt den Stopfen ab; die kleine Pipette (Saugrohr) enthält nun etwas Flüssigkeit, die durch leichtes, abermaliges Zusammendrücken des Hütchens tropfenweise ausgespritzt werden kann. Einen guten Ersatz für solche Spezialfläschchen bieten auch die für Medikamente dienenden Tropffläschchen mit Ausgußschnabel. Ein zweites derartiges Fläschchen, mit reinem Wasser gefüllt, erleichtert sehr das beim Lötrohrschmelzen beschriebene Anfeuchten des zu erhitzenden Materials mit einem Tropfen Wasser.

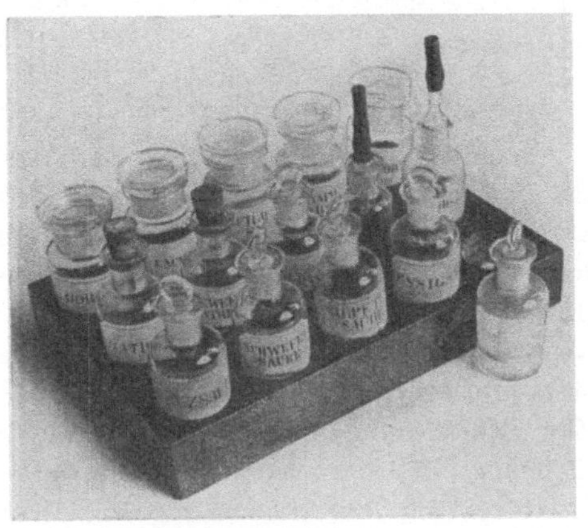

Abb. 1.

Erscheint die Beschaffung mit Glasstopfen versehener Pulvergläser zu kostspielig, so können an ihrer Stelle auch sogenannte Opodeldokgläser mit weitem Hals und Korkstopfenverschluß zur Aufbewahrung der festen Reagenzien (Salze) und Reagenspapiere herangezogen werden. Die Stopfen der Pulver- oder Opodeldokgläser müssen meistens bei der Entnahme der Chemikalien weggelegt werden; man beachte dabei stets, daß sie mit der dem Inneren des Glases zugewendeten Seite nach aufwärts zu liegen kommen, um Verunreinigungen zu vermeiden!

Sehr zu empfehlen ist die Beschaffung eines kleinen, in Fächer abgeteilten oder entsprechend mehrfach kreisrund ausgebohrten Tragbrettes, das zur Aufnahme der bei der Farbenuntersuchung am häufigsten benötigten Reagenzienflaschen und Pulvergläser dient. (Abb. 1.) Man gewöhne sich jedoch stets gleich von Anbeginn der Arbeit daran, die Flaschen und Gläser sofort und immer wieder auf den gleichen Platz zurückzustellen, was das rasche Wiederauffinden derselben ungemein erleichtert. Eine solche Aufstellungsordnung sei im nachstehenden Plan als Beispiel angegeben:

Borax [4]	Lackmuspapier [4]	Gelbes Blutlaugensalz [4]	Ammoniumkarbonat [4]	Soda [4]
Natronlauge [2]	Schwefelnatriumlösung [2]	Alkohol [1]	Reines Wasser [3]	Kobaltsolution [3]
Salzsäure [1]	Schwefelsäure [1]	Salpetersäure [1]	Essigsäure [1]	Ammoniak [1]

Nachdrücklichst sei nochmals darauf verwiesen, daß die Stopfen der Flaschen möglichst niemals weggelegt werden sollen. Durch genaue Einhaltung dieser Vorschrift wird eine Verwechslung der Stopfen untereinander und eine damit verbundene Verunreinigung der Reagenzien vermieden; überdies kommt man aber so auch der unbedingten Forderung, daß alle Reagenzien stets gut verschlossen gehalten werden sollen, mühelos nach. Zur Bezeichnung der Flaschen und Gläser verwende man gut klebende Etiketten, die zur Erhöhung der Haltbarkeit mit einem Etikettenlack überstrichen werden sollen. Am dauerhaftesten sind allerdings sogenannte „radierte“ Schilder, Aufschriften, die in die Gläser eingebrannt werden, aber ziemlich teuer sind.

2. Reagensgläser (Proberöhren)

sind billige, dünnwandige und einseitig zugeschmolzene Glasröhren, in denen die meisten Untersuchungsvorgänge durchgeführt werden können. Das Vorrätighalten einer größeren Anzahl ermöglicht Arbeiten ohne lästige Unterbrechung und wird empfohlen. Man kann in ihnen ohne weiteres Flüssigkeiten zum Sieden erhitzen, ohne Gefahr zu laufen, daß das Glas springt, doch müssen sie außen trocken sein. Um das Verspritzen kochender Flüssigkeiten zu vermeiden, hält man das Reagensglas schräg und dessen Mündung stets von sich abgewendet; man kann sich, falls es

[1] Reagenzienflaschen mit Glasstopfen.
[2] Reagenzienflaschen mit Kautschukstopfen.
[3] Pipettenfläschchen oder Tropffläschchen.
[4] Pulvergläser mit Glasstopfen oder Opodeldokgläser mit Korkstopfen.

zu heiß werden sollte, eines aus Holz oder Metall verfertigten Reagensglashalters bedienen. Den gleichen Dienst leistet aber auch ein mehrfach zusammengefalteter Papierstreifen, der um den Hals des Reagensglases gelegt wird. Um in Gebrauch genommene Reagensgläser abstellen und gegebenenfalls auch weiter beobachten zu können, empfiehlt sich die Verwendung eines

3. Reagensglasständers. (Abb. 2.)

Auch hier kann aber an Stelle eines solchen Holzgestelles ein weites Glas verwendet werden, in das ein Wattebausch zur Ver-

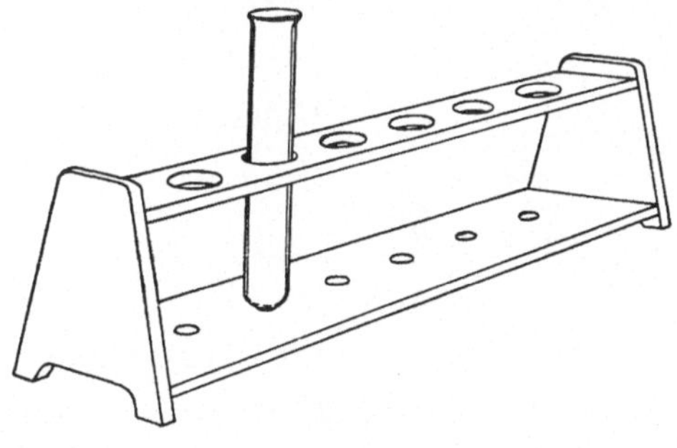

Abb. 2.

hinderung von Reagensglasbruch gelegt wird. Unbedingt erforderlich ist hingegen eine

4. Reagensglasbürste

zum Reinigen gebrauchter Reagensgläser. Nur durch reichliche Verwendung von Spülwasser und vorsichtige Behandlung beim Waschen können die Reagensgläser für eine unbegrenzte Zahl von Versuchen gebraucht werden.

5. Glühröhrchen.

Wie schon erwähnt, lassen gewöhnliche dünnwandige Reagensgläser ein Erhitzen von Flüssigkeiten bis zum Sieden zu. Nicht geeignet sind sie aber zur Beobachtung des Verhaltens der Farben bei Glühhitze. Hierzu verwendet man sogenannte Glühröhrchen, die wohl fertig erhältlich, dennoch aber am besten selbst angefertigt werden, da sie jeweils nur für einen Versuch verwendbar sind. Man stellt sie aus einem Glasrohr von ungefähr 5 bis 6 mm lichter Weite und 1 mm Wandstärke her. Um das Glasrohr in 6 bis 7 cm lange Stücke zu teilen, wird es an der gewünschten Stelle mit einer scharfen Dreikantfeile eingeritzt und durch seitlichen Zug mit beiden Händen bei gleichzeitigem Gegendruck beider Daumenspitzen unter der Ritzstelle auseinandergebrochen. Hernach erhitzt man ein Ende des kurzen Glasrohres vorsichtig in einer scharfen Flamme und schmilzt so unter fortgesetztem Drehen vollkommen zu. (Abb. 3.) Ist dies der Fall, so bläst man unverzüglich, um ein Wiedererstarren der weichen Glasmasse zu ver-

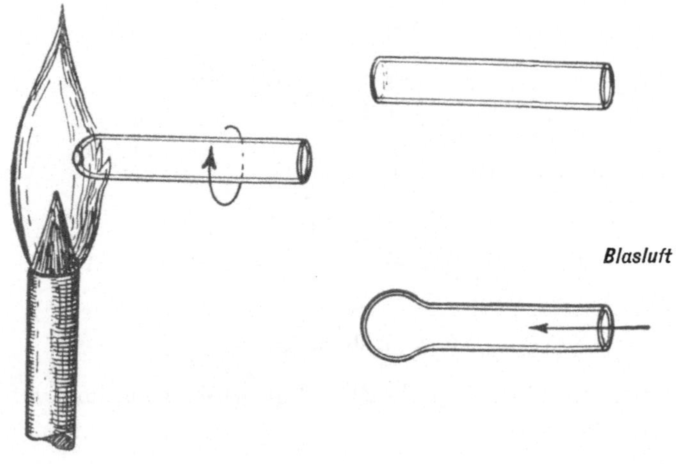

Abb. 3.

hindern, langsam mit stetem Druck das zugeschmolzene Rohrende zu einer kleinen Kugel auf. (Vorsicht, weil zu rasches Blasen ein Zerplatzen der weichen Glaskugel zur Folge haben könnte!) So hergestellte Glühröhrchen, von denen einige immer vorrätig gehalten werden sollen, können nun ohne weiteres dazu verwendet werden, das Verhalten des zu untersuchenden Farbkörpers bei starker Hitze einwandfrei beobachten zu können.

6. Glastrichter und Filtriergestell

dienen zum Filtrieren, d. h. Trennen fester unlöslicher Körper von Flüssigkeiten. Ein Glastrichter mit einem oberen Durchmesser von etwa 7 bis 8 cm ist am geeignetsten und wird in ein aus starkem Draht zurechtgebogenes Gestell gesteckt. Als Filter wird ein nach zwei verschiedenen Methoden zu faltendes, ungeleimtes, dem gewöhnlichen Löschpapier ähnliches Filtrierpapier genommen. Ein quadratisches Stück von ungefähr 12 bis 15 cm Seitenlänge wird zweimal derart gefaltet, daß ein Quadrat von einem Viertel der ursprünglichen Größe entsteht. Nun wird mit einer Schere eine Ecke des kleinen Quadrates (vierfaches Papier) derart rund abgeschnitten, daß nach dem Auseinanderfalten des Filtrierpapieres eine Kreisfläche entstanden ist. Wieder zusammengefaltet, wird das Filter zu einem Kegel auseinandergestülpt, der gerade in den Trichter paßt und dortselbst, mit einigen Tropfen Wasser angefeuchtet, blasenlos an die Trichterwand angepreßt wird. Ein solches Filter darf niemals über den Glasrand hinausstehen und auch nicht höher als etwa einen halben Zentimeter unter dem Papierrand mit Flüssigkeit gefüllt werden, um zu verhindern, daß der in der Flüssigkeit aufgeschlämmte Stoff (Niederschlag) in die abfiltrierte Flüssigkeit (Filtrat) gelangt. Nach dem Durchfließen und Auswaschen der dem Papier und festen Körper noch anhaftenden Flüssigkeit können sowohl Filtrat als auch Niederschlag für sich weiter untersucht werden. Wird auf die Erhaltung des Niederschlages jedoch kein Wert gelegt, so ist die Anfertigung und Verwendung eines Faltenfilters an Stelle des vorher beschriebenen Kegelfilters zulässig. Falten des Quadrates zum kleinen Quadrat und Beschneiden des letzteren zum Kreis bleiben gleich. Nun wird aber der Kreis zum Halbkreis aufgelegt und dieser fächerförmig weitergefaltet. Der entstandene Fächer wird geöffnet und so in den Trichter gelegt, daß nur die ausspringenden Kanten desselben die Glaswand berühren. Ein solches Filter darf den Trichterrand überragen, doch darf die Flüssigkeit nicht höher, als der Trichterrand reicht, aufgegossen werden. Beim Filtrieren selbst ist darauf zu achten, daß die auf das Filter zu gießende Flüssigkeit nicht an der äußeren Gefäßwand zurückläuft. Deshalb wird ein Glasstab derart an den Ausgußschnabel des Gefäßes oder an den Rand des Reagensglases gelegt, daß die Flüssigkeit gezwungen wird, entlang desselben in das Filter zu laufen. (Abb. 4.) Es bedarf wohl keiner besonderen Erwähnung, daß unter den Trichter ein Gefäß gestellt werden muß, das für die Aufnahme des Filtrates bestimmt ist. Ein An-

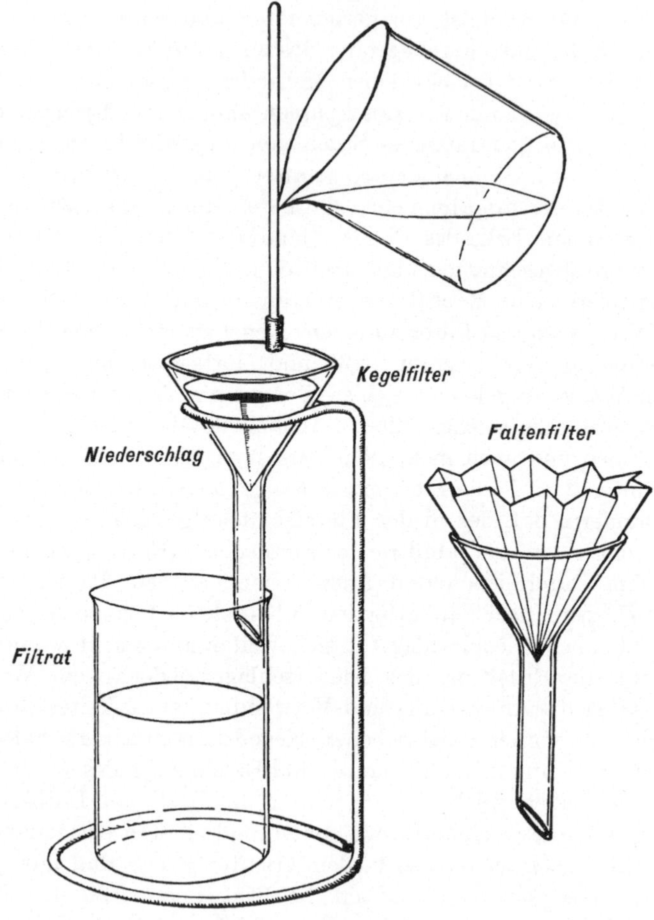

Abb. 4.

legen des Trichterstengels an die innere Gefäßwand verhindert lästiges Verspritzen des Filtrates.

7. Kochbecher (Bechergläser)

sind erforderlich, wenn größere Flüssigkeitsmengen, die in einem Reagensglas nicht mehr Platz finden würden, verarbeitet werden müssen. Sie sind, wie diese, aus dünnem Glas hergestellt und eignen sich ebenfalls zum Kochen auf offener Flamme. Ihre Form ist aus Abb. 4 ersichtlich. Praktisch sind Größen von etwa $^1/_{10}$ bis $^1/_8$ Liter Fassungsraum. Bechergläser erhitzt man nicht über der Flamme direkt, sondern stellt sie auf einen

8. Dreifuß mit Drahtnetz.

Letzteres bewirkt eine bessere Hitzeverteilung und wird daher zweckmäßig auch mit einer Asbesteinlage versehen, während der

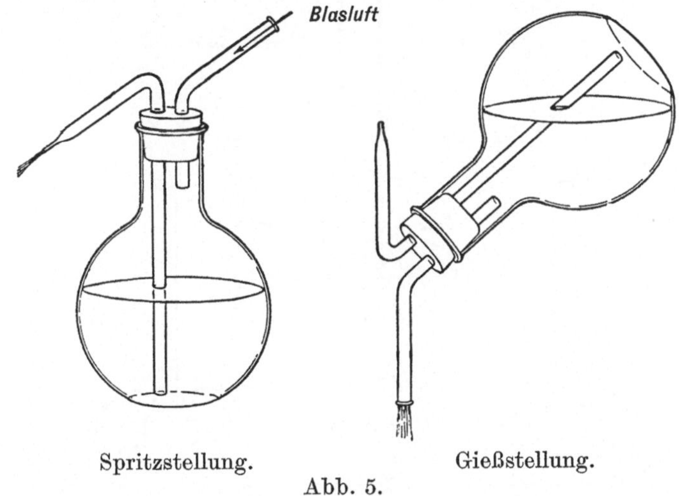

Spritzstellung. Gießstellung.

Abb. 5.

Dreifuß als Gestell längeres Kochen ohne Halten ermöglicht. Zum Umrühren von Flüssigkeiten in Bechergläsern dienen

9. Glasstäbe,

deren Enden ähnlich, wie bei der Herstellung von Glühröhrchen beschrieben wurde, durch Erhitzen abgerundet wurden. Sie werden in Längen von 15 bis 18 cm abgeschnitten. Außer den vorgenannten Geräten ist die Anschaffung einiger

10. Uhrgläser

von etwa 6 cm Durchmesser zu empfehlen. Auf diesen lassen sich rein und sauber Gemische der zu untersuchenden Farben mit festen Reagenzien durchführen.

11. Eine Spritzflasche (Abb. 5)

zur Aufnahme des Wasservorrates am Arbeitsplatz bestimmt, ist infolge ihres eigenartigen Verschlusses sehr geeignet zum Ab- und Ausspülen von Glasgefäßen sowie zur Entnahme ganz kleiner Mengen Wassers. Sie läßt sich leicht aus einer gewöhnlichen

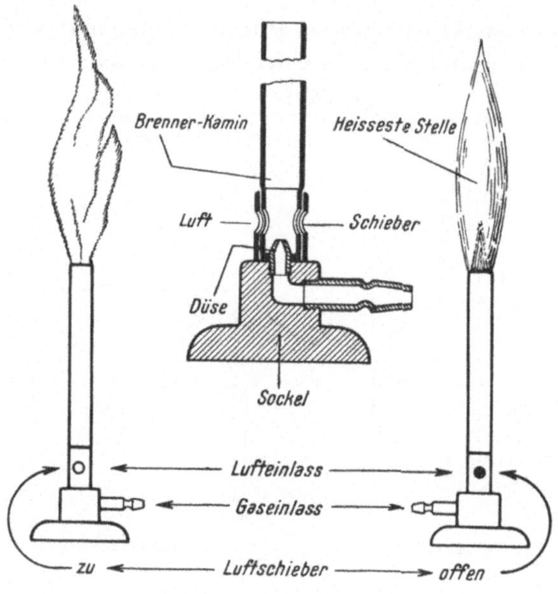

Abb. 6.

Flasche, die mit einem doppelt durchbohrten Stopfen versehen wird, selbst herstellen. Durch eine Bohrung wird ein kurzes, nach aufwärts gebogenes Rohr gesteckt, während durch die andere ein langes, abwärts gebogenes und zu einer Spitze ausgezogenes Rohr geführt wird. Bläst man in das nach aufwärts gerichtete Rohr, so spritzt aus dem zur Spitze ausgezogenen Ende ein dünner Strahl, während beim Neigen der Flasche aus dem Blasrohr ein dicker Wasserstrahl ausfließen kann.

12. Brenner.

Als Heizquelle für alle Versuche wird entweder ein Leuchtgasbrenner verschiedener Konstruktion oder eine Spiritusflamme herangezogen. Der Gasbrenner liefert eine wesentlich heißere Flamme und ist der Spirituslampe unbedingt vorzuziehen; letztere stellt ja auch nur einen Ersatz vor, wenn kein Leuchtgas zur Verfügung steht. Im Prinzip funktionieren die Brenner genau so wie ein Gasrechaud. Das durch eine feine Düse rasch und unter erhöhtem Druck ausströmende Gas verbrennt am oberen Ende des Brennerkamins flackernd, leuchtend und rußend mit wenig Hitze. (Abb. 6.) Wird jedoch der am Fuße des Brenners befindliche

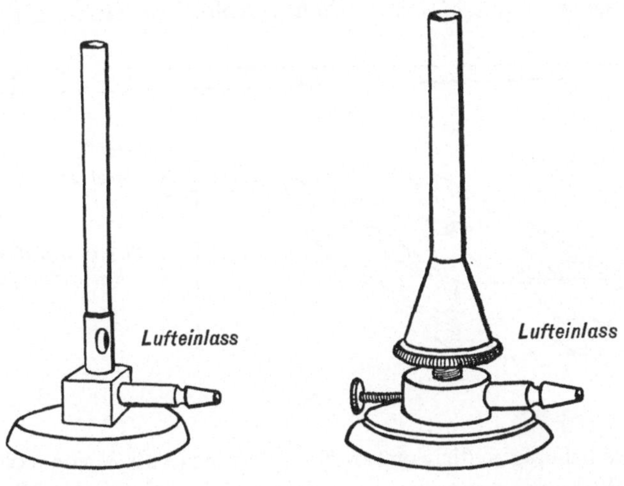

Bunsenbrennner. Teclubrenner.

Abb. 7.

Lufteinlaß (beim einfachen Bunsenbrenner ein Schieber, beim Teclubrenner eine schraubbare Platte, Abb. 7) geöffnet, so wird durch die Düsenwirkung Außenluft angesaugt, die sich noch im Brennerkamin mit dem Leuchtgas mischt. So kommt es, daß an der oberen Öffnung des Kamins nicht mehr reines Leuchtgas, sondern ein Leuchtgas-Luft-Gemisch zur Verbrennung gelangt, das eine wesentlich heißere, nichtleuchtende und straff aufwärts gerichtete Flamme liefert. Diese Flamme zeigt am Grund einen deutlich sichtbaren blauen Kegel, der noch unverbranntes Leuchtgas enthält und solcherart die kälteste Stelle der Flamme anzeigt. Die heißeste Stelle der Flamme hingegen liegt über der Spitze dieses blauen Kegels. Eine noch heißere Flamme als die vorher beschriebene erhält man durch Einblasen von Luft in die Gasflamme. Hierzu verwendet man ein

13. Lötrohr.

Ein konisches Messingrohr, das am dünnen Ende rechtwinkelig umgebogen ist und in eine feine Spitze ausläuft, trägt am weiten Ende ein Mundstück. Bläst man durch dasselbe in eine auf Kerzenflammengröße zurückgestellte leuchtende Gas- oder Spiritusflamme, so entsteht eine durch verschiedene Haltung des Löt-

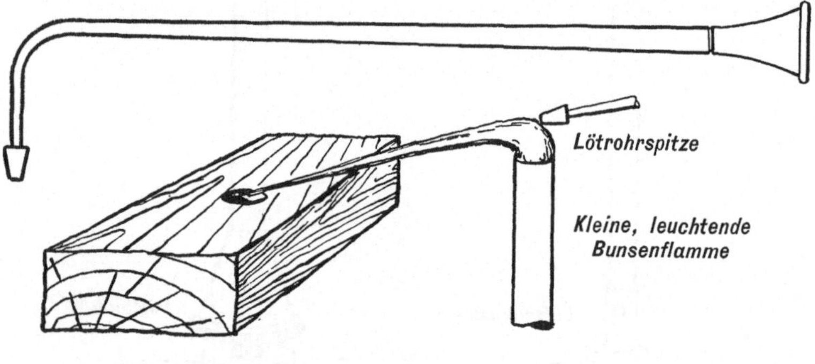

Abb. 8.

rohres beliebig zu dirigierende Stichflamme (Abb. 8) von oxydierender Wirkung, wenn die Lötrohrspitze außerhalb des Flammengrundes angelegt wird, von reduzierender Wirkung, wenn sie sich innerhalb der Flamme befindet. Als Unterlage für derartige Schmelzversuche wird zweckmäßig ein Stück harter, möglichst wenig poröser Buchenholzkohle verwendet, in das man ein etwa linsengroßes Grübchen gräbt. Die Schmelzversuche werden mit oder ohne Flußmittel, zumeist kalzinierter Soda, durchgeführt.

14. Platindraht.

Ein etwa 6 bis 8 cm langer, 0,3 bis 0,4 mm starker Platindraht wird mit einem Ende in einen Glasstab eingeschmolzen und am anderen Ende zu einer kleinen, etwa 3 mm weiten Öse zusammengedreht. (Abb. 9.) Er dient so zur Durchführung von Boraxschmelzen (Boraxperle). Das Edelmetall Platin verbindet sich nur äußerst schwer mit anderen Elementen und oxydiert sich nicht;

deshalb kann ein solcher Draht auch bedenkenlos gut bei hoher Temperatur ausgeglüht werden. Wurde er auf diese Weise gereinigt, so wird mit dem noch heißen Draht etwas fester Borax aufgetupft. In die Flamme gebracht, bläht er sich zuerst durch verdampfendes Wasser auf, schmilzt aber dann zu einer glasklaren, wasserhellen Perle zusammen. Mit dieser noch warmen Perle wird der zu untersuchende Farbkörper aufgenommen und verschmolzen. Klare eindeutige Färbungen lassen auf bestimmte Metalle schließen, während Mißfärbungen und Trübungen der Boraxperle keinen Aufschluß über die Zusammensetzung der untersuchten Farbe geben.

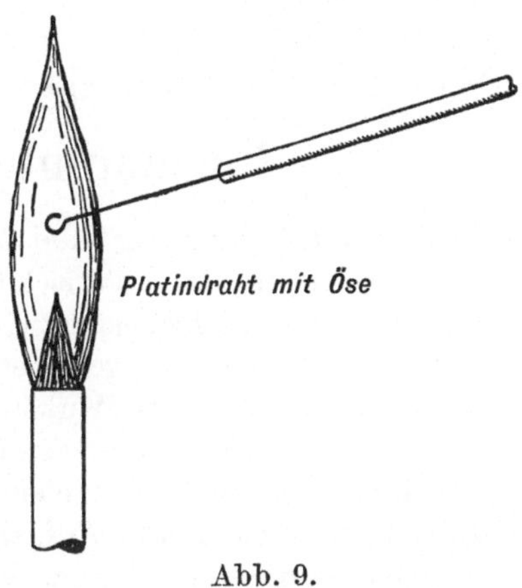

Abb. 9.

15. Glas- oder Hornlöffel

dienen zum Entnehmen fester Reagenzien aus den Vorratsgefäßen. Sie lassen sich besonders leicht reinhalten und sind Metallöffeln vorzuziehen. Bei der Verwendung eines Hornlöffels ist besonders darauf zu achten, daß er schon bei einer, dem Siedepunkte des Wassers naheliegenden Temperatur erweicht und so seine Form verliert. Er darf deshalb niemals mit heißem Wasser in Berührung kommen!

Zweiter Abschnitt.

Farbenuntersuchung.

Die Prüfung der Maler- und Anstreicherfarben, die durchwegs Körperfarben sind, erstreckt sich auf verschiedene Untersuchungsvorgänge. Man unterscheidet zwischen rein chemischen Prüfungen, das sind solche, die geeignet sind, die stoffliche Zusammensetzung der farbgebenden Werkstoffe zu ermitteln, und physikalisch-technischen Prüfungen, die berufen sind, die rein äußerlichen Eigenschaften der Pigmente und ihre technische Verwendbarkeit festzustellen. Der Aufgabe des vorliegenden Buches entsprechend wurden in den nachfolgenden Kapiteln nur solche Arbeitsvorgänge aufgenommen, die mit den einfachsten Mitteln und ohne wesentliche Kosten leicht und auch ohne besondere fachwissenschaftliche Vorbildung durchgeführt werden können; sie sind solcherart befähigt, dem praktischen Maler und Anstreicher die notwendigsten Aufklärungen über die qualitative Beschaffenheit der wichtigsten seiner Werkstoffe, der Farben, zu geben.

Chemische Prüfungsmethoden.

Sind alle zur chemischen Farbenuntersuchung erforderlichen Reagenzien und Geräte vorbereitet, so kann mit der eigentlichen Arbeit begonnen werden. Sie zerfällt in zwei Teilarbeiten, und zwar: Das Bestimmen des in handelsüblichen Farben enthaltenen Hauptbestandteiles, nach der sie auch in der Regel benannt sind, wiewohl sehr oft willkürlich gewählte Phantasienamen die eigentliche Zusammensetzung der Farben zu verschleiern versuchen und den Nachweis beigemischter Streckungs- und Verfälschungsmittel. Die im nachfolgenden angegebenen Methoden geben nur über die stoffliche (qualitative) Zusammensetzung der untersuchten Farben Aufschluß; nicht möglich ist es, mit diesen Arbeitsgängen auch die Mengenverhältnisse (quantitative Zusammensetzung) der Bestandteile zu ermitteln. Diese Methoden sind und bleiben dem Berufschemiker vorbehalten, doch kann der Geübte mit einiger Sicherheit die Mengen der Bestandteile auch schätzen, was in vielen Fällen hinreichend sein dürfte.

Außer den bei den einzelnen Geräten schon näher beschriebenen Arbeitsvorgängen soll noch auf einige häufig wiederkehrende Hilfsarbeiten besonders eingegangen werden. Es ist dies das Lösen, Aufschließen und Fällen.

Unter Lösung versteht man die vollkommene Zerteilung eines festen Körpers in einer Flüssigkeit bis zu seinem Unsichtbarwerden. Bringt man z. B. Kochsalz in Wasser, so wird dieses nach einiger Zeit in der Flüssigkeit scheinbar vollkommen verschwinden, es hat sich gelöst. Erst nach Abdampfen oder Verdunsten des Wassers kommt es wieder als fester Körper zum Vorschein. Wohl kann eine Lösung gleichzeitig mit einer Färbung des Lösungsmittels erfolgen, doch muß die Flüssigkeit immer klar und durchsichtig bleiben! Dieser Fall tritt z. B. ein, wenn man einen Kristall übermangansaures Kali in Wasser wirft. Die Lösung wird rotviolett, bleibt aber durchsichtig und klar.

Unlösliche Stoffe dagegen, wie es die meisten Maler- und Anstreicherfarben mit Ausnahme der Lasur- und Transparentfarben sind, können wohl in Flüssigkeiten zu feinster Verteilung aufgeschlämmt werden, lösen sich aber nicht. Es wäre durchaus falsch, von einer Lösung zu sprechen, wenn z. B. Kreide in Wasser gebracht wird. Die feinstgepulverte Kreide trübt das Wasser, wird sich aber bei ruhigem Stehen nach einiger Zeit am Boden als Satz abscheiden, wobei sich die Flüssigkeit klärt.

Die Lösung eines Stoffes in einer Flüssigkeit ist niemals unbegrenzt möglich, vielmehr ist das Verhältnis zwischen festem Körper und Lösungsmittel für jeden Stoff ein bestimmtes. Es ist z. B. unmöglich, ein Kilogramm Zucker in einem Achtel Liter Wasser aufzulösen, und es wäre falsch, aus dieser Tatsache den Schluß ziehen zu wollen, daß Zucker unlöslich wäre. Vielmehr ist hier die Ursache des scheinbaren Nichtlösens ein Mangel an genügend Lösungsmittel. Daraus ergibt sich, daß man gegebenenfalls eine Lösung erzielt, wenn ein weiteres Quantum Lösungsmittel zugesetzt wird! Außerdem gibt es noch andere Mittel, eine Lösung zu befördern. Weitgehendste Zerkleinerung des festen

Stoffes, kräftiges Schütteln oder Umrühren, aber auch Erwärmung des Lösungsmittels dient diesem Zwecke.

Unter Aufschließen versteht man die Überführung eines unlöslichen Stoffes in eine lösliche Form. Es geschieht dies in der Regel durch Schmelzen mit verschiedenen Flußmitteln, zumeist auf der Holzkohle vor dem Lötrohr, doch kann ein solcher Vorgang gegebenenfalls auch durch Kochen mit verschiedenen Reagenzien erzielt werden.

Fällung ist das Gegenteil des Aufschließens. Durch geeignete Operationen werden lösliche Stoffe durch Zusatz von sog. Fällungsmitteln in unlösliche Stoffe übergeführt und als Niederschläge, d. h. feste Körper, die sich in der Flüssigkeit mehr oder minder rasch zu Boden setzen, erhalten. Wie das Trennen der Niederschläge von der übrigen Flüssigkeit erfolgt, wurde bereits beim Filtrieren besprochen.

Besondere Aufmerksamkeit ist auf die richtige Durchführung der Lösungsversuche, die in vielen Fällen schon Anhaltspunkte über die Zusammensetzung der zu untersuchenden Farbe zu geben vermögen, zu lenken. Man vergesse nie, alle Arten der Lösungsbewirkung und Beschleunigung (Zusatz von Lösungsmittel, Aufschütteln und Umrühren, Zerkleinern des zu lösenden Stoffes und Erwärmung) zu versuchen, bevor man sich entschließt, einen Stoff endgültig als unlöslich zu bezeichnen. Gute Sicherheit für die Richtigkeit dieser Entscheidungen gewährt die Gewohnheit, alle Versuche mit ganz geringen Mengen der zu untersuchenden Farben durchzuführen; es ist zu vermeiden, durch Verwendung zu großer Quantitäten die Sicherheit der sich abspielenden Vorgänge chemischer Veränderungen zu beeinträchtigen.

Die gebräuchlichen Maler- und Anstreicherfarben sind, mit Ausnahme der Bronzefarben, die als gepulverte Metalle ihrer Zusammensetzung nach einfache chemische Elemente oder Grundstoffe vorstellen, stets zusammengesetzte Körper. Drei verschiedene Arten kann man hier unterscheiden:

a) Einfache Pigmente (Metalloxyde oder Metallsalze).

b) Zusammengesetzte Pigmente (Mischungen einfacher Farbkörper, auf rein mechanischem Wege erhalten).

c) Niederschlagspigmente (d. s. solche, bei denen ein Farbmittel auf einem billigen, minderwertigen Pigment chemisch befestigt, niedergeschlagen, wurde. Zu dieser Gruppe zählen auch die Farblacke).

Es ist klar, daß der Bestimmung der in einer Farbe enthaltenen Bestandteile zuerst eine Einreihung in eine der vorgenannten Gruppen erfolgen muß, um den weiteren Untersuchungsgang festzulegen.

Die einfachen Farbenpigmente sind in ihrem Aufbau durchaus gleichartig (homogen). Sie sind entweder ein Metalloxyd (Verbindung eines Metalles mit Sauerstoff) oder ein Metallsalz (Vereinigungsprodukt von Säure und Lauge bzw. Ergebnis einer Wechselwirkung zwischen zwei Metallsalzen).

Beispiele: Wird Bleimetall hoch erhitzt, so nimmt es Sauerstoff aus der Luft auf und bildet je nach der Menge des aufgenommenen Gases entweder gelbes Bleioxyd (Bleiglätte) oder rotes Bleioxyd (Bleiminium). Auch natürliche Oxyde werden als Malerfarben verwendet, wie z. B. Eisenoxyd (Englischrot). Wird Schwefelsäure mit Kalklauge vereinigt, entsteht als schwerlösliches Salz schwefelsaures Kalzium (künstlicher Gips), während durch Wechselwirkung von Blei- und Chromsalzen unlösliches chromsaures Blei (Chromgelb) entsteht. Auch in der Natur finden sich chemische Salze, die sich als Malerfarben eignen wie z. B. kohlensaurer Kalk (Kreide).

Die zusammengesetzten Farbpigmente sind Mischungen einfacher Farbkörper. Hierher zählen alle handelsüblichen Gemenge hochwertiger Farben, denen mitunter zur Verbilligung minderwertige Farben zugesetzt werden. So ist z. B. Chromgrün eine Mischung von Chromgelb und Berlinerblau von wechselnder Zusammensetzung, während Viktoriagrün ein mit Zinkgelb gemischtes Chromoxydhydratgrün vorstellt, dem als Streckungsmittel Schwerspat zugesetzt wird.

Die Niederschlagspigmente sind aufeinander befestigte, gefällte Farbmittel. Sie werden nur auf künstlichem Wege hergestellt. Ihr eigenartiger Aufbau verfolgt den Zweck, hochwertige Farben zu verbilligen, ohne die schlechten Eigenschaften des Streckungsmittels zur Geltung kommen zu lassen, bzw. lösliche Farbmittel in eine unlösliche Form überzuführen. Solche Niederschlagspigmente sind z. B. Lithopon, bei dem das teure Schwefelzink auf billigem, künstlich hergestellten Schwerspat, Blanc fixe, ge fällt ist. Auch Titanweiß ist ein solches Niederschlagspigment;

hier ist das teure Titandioxyd ebenfalls auf Blanc fixe befestigt, wiewohl es auch Handelssorten gibt, die einfache Mischungen dieser beiden Bestandteile vorstellen, infolgedessen aber auch schlechter decken. Die Farblacke sind un- oder schwer löslich gemachte organische Farbstoffe, indem sie auf irgendeinem weißen oder schwach gefärbten mineralischen Pigment (Basis, Substrat) befestigt werden.

I. Die Erkennung reiner, unverschnittener Farben.

Bevor man an die praktische Arbeit geht, mache man sich mit den bereits beschriebenen Hilfsarbeiten vertraut. Man bedenke immer, daß zu große Mengen der zu untersuchenden Probe die Deutlichkeit der Reaktionen ungünstig beeinflussen und daß genaueste Beobachtung aller sich abspielenden Vorgänge erforderlich ist. Es ist empfehlenswert, alle Versuchsteilergebnisse zu notieren und alle Reaktionen, die zur Erkennung und eindeutigen Bestimmung einer Farbe angegeben sind, auch wirklich durchzuführen. Falsch wäre es, nach dem bloßen Aussehen zu schätzen oder zu raten; man verlasse sich vielmehr nur auf das, was man wirklich eindeutig beobachten konnte. Nur peinlichste Sauberkeit und genaueste Befolgung aller Vorschriften bieten Gewähr für die Richtigkeit des Resultates.

Die Farben sind in den folgenden Kapiteln nach ihrem Farbton geordnet. Es ist nicht immer erforderlich, alle Bestandteile eines Farbmittels nachzuweisen. Bei jeder Farbe ist angegeben, welcher Bestandteil derselben bestimmt werden m u ß, welcher zur größeren Sicherheit mitbestimmt werden k a n n und welcher nicht bestimmt zu werden braucht.

Man beachte daher stets die der angegebenen Zusammensetzung beigefügten Zeichen.

Es bedeutet:

* Dieser Bestandteil kann, muß aber nicht zur eindeutigen Feststellung des Pigments bestimmt werden.

+ Dieser Bestandteil wird überhaupt nicht bestimmt.

Bestandteile, die keines der beiden Zeichen beigesetzt haben, müssen jedoch unbedingt ermittelt werden.

Wertvoll und für den Geübteren die Arbeit wesentlich vereinfachend ist die Benützung der im Anhange des Buches befindlichen Tabellen; sie sind für den Gebrauch am Arbeitstisch bestimmt und zeigen, nach Farbtönen geordnet, den systematischen Untersuchungsgang an. Man beachte, daß Tabellen-Nummer und Farben-Nummer jeweils dem zugehörigen Buchtexte augenfällig vorangestellt sind, um ein rasches Auffinden des Buchtextes im Bedarfsfalle zu ermöglichen. Bunte Farblacke sind in diesen Tabellen nicht enthalten; sie werden nach den im Abschnitt II, S. 67 beschriebenen Methoden bestimmt, während die Ermittlung des mineralischen Substrates nach den Tabellen erfolgen kann.

A. Weiße Farben.

(Siehe Anhang, Tabellen 1a und 1b.)

Zur Gruppe der Weißfarben zählt eine Reihe von mineralischen Pigmenten, die infolge ihrer verschiedenartigsten Eigenschaften teils in wäßrigen, teils in öligen Bindemitteln verarbeitbar sind. Einige hiervon sind wohl als Farben direkt unverwendbar, stellen aber begehrte Streckungsmittel für hochwertige Farben und Substrate zur Herstellung von Niederschlagspigmenten und Farblacken vor.

T1a
1

1. Kreide (Wienerweiß).

Dieser Farbkörper kommt recht häufig in der Natur vor und stammt meistenteils aus tierischen Kalkablagerungen früherer Erdzeitperioden. Die natürliche Kreide muß vor ihrer Verwendung als Malerfarbe gemahlen und geschlämmt oder gestäubt werden. Bekannte Schlämmkreidesorten stammen aus Norddeutschland (Insel Rügen) und Frankreich (Champagne-Kreide). In Österreich findet sich eine erstklassige Kreide am Westabhang des Leithagebirges im Burgenland, die nach der moderneren Methode, dem Stäuben, gereinigt wird. Diese Kreide kommt nicht in Brocken, sondern als feines Pulver in den Handel und ist den bekannteren Sorten vollkommen ebenbürtig.

Die Kreide ist eine feine Abart des in der Natur sehr häufig vorkommenden Kalksteines, der durch Brennen und nachheriges Löschen (Kohlensäureabgabe und Wasseraufnahme) die als Malerfarbe und Bindemittel bekannte Kalkmilch liefert.

Zusammensetzung:

Kreide	
Kalziummetall*	Kohlensäure

Nachweis:

Übergießt man Kreide mit irgendeiner Säure, so tritt in den meisten Fällen eine klare Lösung ein; gleichzeitig bildet sich Kohlensäuregas, das an lebhaftem Aufbrausen erkennbar ist. Schwefelsäure löst nicht, setzt aber dennoch Kohlensäure in Freiheit. In Laugen oder Ammoniak löst sich die Kreide nicht auf; sie wird auch durch eine, einer gesonderten Probe zugesetzten Schwefelnatriumlösung nicht verändert. (Mit Schwefelnatriumlösung darf niemals erwärmt werden!) Wird Kreide auf der Kohle vor dem Lötrohr erhitzt, so verändert sie sich scheinbar nicht. Tatsächlich bildet sie aber unter Abgabe von Kohlensäuregas gebrannten Kalk; wird dieser mit Wasser ausgekocht, so läßt er sich an der Blaufärbung eines Streifchens roten Lackmuspapieres erkennen. (Der gebrannte Kalk wurde gelöscht und hat Kalklauge gebildet.) Der Nachweis des in der Kreide enthaltenen Kalziummetalles ist nicht unbedingt nötig, kann aber leicht folgendermaßen erbracht werden: Man setzt der salzsauren Lösung der Kreide so lange tropfenweise Ammoniak zu, bis ein der Lösung vorher zugegebener Tropfen Phenolphtaleïnlösung gerade eine intensive Rotfärbung verursacht hat. (Dieser Umwandlungspunkt ist auch erkennbar, wenn man an Stelle des Phenolphtaleïns ein Streifchen rotes Lackmuspapier in die Lösung wirft; wird es blau, so ist die Wirkung der Säure durch den Ammoniakzusatz vernichtet = neutralisiert!) Setzt man nun etwas von einer klaren Lösung Ammoniumoxalat in destilliertem Wasser zu, so entsteht ein äußerst feiner weißer Niederschlag von oxalsaurem Kalk.

T1a
2

2. Bleiweiß (Kremserweiß).

Bleiweiß ist ein künstlich hergestelltes Weißpigment. Es ist basisches, kohlensaures Blei und infolge seines Kohlensäuregehaltes mit der Kreide chemisch verwandt. Ursprünglich wurde es nur nach holländischer Art durch Vergraben von, mit Bleiblechen beschickten, irdenen Töpfen in einem Misthaufen hergestellt, welche Methode den geringsten Kostenaufwand verursacht. Liefert doch gärender Mist Kohlensäuregas, Wärme und Wasserdampf, die zur Bildung des Bleiweißes erforderlichen Bestandteile, umsonst. Um die Reaktionszeit wesentlich abzukürzen, hat man das deutsche Verfahren eingeführt, bei dem die Bleiplatten in geschlossenen Kammern einströmendem Kohlensäuregas und Wasserdampf ausgesetzt werden. In neuerer Zeit haben sich noch eine Reihe anderer Herstellungsmethoden eingebürgert, die jedoch bisher keine größere Bedeutung erlangt haben. Vornehmlich mit öligen Bindemitteln verarbeitet, deckt es vorzüglich, ist aber wenig ausgiebig. Da es so, wie alle Bleifarben, mit Schwefel eine braunschwarze Verbindung liefert, darf es dort nicht zu Anstrichen herangezogen werden, wo die Möglichkeit einer Einwirkung von Schwefelwasserstoffgas gegeben ist. Aus dem gleichen Grunde darf es auch nicht mit schwefelhaltigen Farben gemischt werden. Eine mit internationaler Gültigkeit vor einigen Jahren in Genf beschlossene Verordnung schließt das Bleiweiß von seiner Verwendung für Innenarbeiten überhaupt aus.

Zusammensetzung:

Bleiweiß	
Bleimetall	Kohlensäure

Nachweis:

Das Bleiweiß verhält sich beim Übergießen mit irgendeiner Säure so wie die Kreide. Es tritt Lösung unter Aufbrausen, verursacht durch die entweichende Kohlensäure, ein, doch darf nicht übersehen werden, daß das Bleiweiß wesentlich schwerer löslich ist als Kreide. Bei der Lösung in Salzsäure kann es vorkommen, daß sich am Boden nach dem Abkühlen feine Kristallnadeln von salzsaurem Blei abscheiden; diese dürfen nicht mit eventuell vorhandenen Verunreinigungen verwechselt werden. Man überzeugt sich daher zur Sicherheit von der Löslichkeit des Bleiweißes in einer gesonderten Probe durch Verwendung von Salpetersäure, in welcher es sich wesentlich leichter löst. Schwefelsäure ist für den Versuch ungeeignet, da sie wohl Kohlensäuregas freigibt, aber unlösliches, schwefelsaures Blei (Sulfobleiweiß) zurückläßt. Auch in Lauge ist Bleiweiß in der Hitze im Gegensatze zur Kreide löslich. Durch Schwefelnatrium wird es infolge Bildung von Schwefelblei geschwärzt. Einwandfrei läßt sich das im Bleiweiß enthaltene Bleimetall durch einen Schmelzversuch erkennen. Wird eine kleine Menge Bleiweiß in ein Grübchen eines Holzkohlenstückes gebracht, durch Anfeuchtung mit einem Tropfen Wasser darin vor dem Wegblasen geschützt und unter Zuhilfenahme eines Lötrohres reduzierend erhitzt (Lötrohrspitze in die Flamme halten!), so verfärbt es sich zunächst infolge Abspaltung der Kohlensäure und damit verbundener Bildung eines Bleioxydes gelb bis rot (Bleiglätte, Bleiminium). Wird länger erhitzt, so entzieht der Kohlenstoff der Holzkohle dem Bleioxyd den Sauerstoff und das Bleimetall bleibt als kleines Kügelchen (Bleikorn) in der Holzkohlengrube zurück. Nach dem Erkalten kann man dieses Bleikorn infolge seiner Weichheit leicht mit dem Messer zerschneiden.

T1b
3

3. Schwerspat (Blanc fixe).

Der Schwerspat ist ein natürliches Mineral, das sich, wie schon der Name sagt, durch ein hohes spezifisches Gewicht auszeichnet. Er kommt in der Regel in vulkanischem Gestein vor. Auch noch so fein gepulvert, ist er infolge seiner schlechten Deckkraft als Maler- und Anstreicherfarbe unverwendbar. Schwerspat ist seiner chemischen Zusammensetzung nach schwefelsaures Barium (Bariumsulfat). Man stellt dieses auch auf künstlichem Wege durch Fällung aus wasserlöslichen Bariumsalzen her und bezeichnet es dann als Blanc fixe (Permanentweiß). Es dient als Streckungsmittel für hochwertige Farben, aber auch als Substrat oder Basis zur Herstellung von Niederschlagspigmenten und Farblacken. Infolge seiner chemischen Widerstandsfähigkeit findet er vielfältige Verwendung.

Zusammensetzung:

Schwerspat	
Bariummetall +	Schwefelsäure

Nachweis:

Die besonders große chemische Widerstandsfähigkeit des Schwerspates bedingt es, daß er weder in Säuren noch in Laugen auflösbar ist. Ein Nachweis des in ihm enthaltenen Bariummetalls läßt sich mit einfachen Mitteln schwer erbringen, weshalb man sich darauf beschränkt, nur den zweiten Bestandteil, die Schwefelsäure, zu erkennen. Man verfährt dabei folgendermaßen: Die Schwerspatprobe wird zu ungefähr gleichen Teilen mit kalzinierter Soda innigst gemischt — ein Sodaüberschuß ist vorteilhaft —, in ein sauberes Holzkohlengrübchen gebracht und mit einem Tropfen Wasser angefeuchtet. Nun wird mit dem Lötrohr sorgfältig geschmolzen. Man sehe darauf, daß tatsächlich eine dünnflüssige Schmelze entsteht, weil sonst die Reaktion nicht gelingt. Die anwesende Soda (Natriumkarbonat) verwandelt den Schwerspat (Bariumsulfat) durch Wechselwirkung in Natriumsulfat, dem die anwesende Kohle durch weiteres Schmelzen den Sauerstoff entzieht. Die der Hauptsache nach aus Schwefelnatrium bestehende Schmelze wird nun nach dem Erkalten von der Kohle losgebrochen und auf eine durch Scheuern mit Sand und Wasser vollkommen fettfrei gemachte Silbermünze oder ein Stückchen Silberblech gebracht. Man befeuchtet hernach mit einem Tropfen Salzsäure und kann als Nachweis für die im Schwerspat enthaltene Schwefelsäure auf dem Silber einen braunschwarzen Fleck (Schwefelsilber) wahrnehmen, der durch freigewordenes Schwefelwasserstoffgas (Schwefelnatrium + Salzsäure) entstanden ist. Diese Reaktion heißt Hepar-Reaktion.

T1a, 1b
4

4. Gips (Leichtspat).

Dieses mineralische Produkt ist mit dem Schwerspat chemisch infolge seines Schwefelsäuregehaltes verwandt. Das rohgebrochene Material wird nach dem Zerkleinern bei etwa 120° gebrannt und gibt hierbei ungefähr zwei Drittel des in ihm enthaltenen Kristallwassers ab. Wird er hernach mit Wasser angerührt, so erhärtet er in kürzester Zeit wieder zu Gipsstein unter Aufnahme des gleichen, beim Brennen gewaltsam ausgetriebenen Wasserquantums. Diese Eigenschaft befähigt ihn zur Verwendung als Verputzmaterial, macht ihn aber deshalb als Maler- oder Anstreicherfarbe unbrauchbar. Dennoch wird Gips vielfach als Streckungsmittel oder Substrat in der Farbenfabrikation angewendet. Nur nimmt man hierzu entweder feinst gemahlenen ungebrannten oder durch lange Zeit hoch erhitzten, d. h. totgebrannten Gips, der mit Wasser nicht mehr zu erhärten vermag.

Zusammensetzung:

Gips	
Kalziummetall	Schwefelsäure

Nachweis:

Der Nachweis des Gipses wird für beide Bestandteile geführt. Zur Erkennung des Kalziumgehaltes zieht man die bei der Kreide angeführte Reaktion mit Ammoniumoxalat heran, wenn es gelingt, den in Säuren schwer löslichen Gips klar aufzulösen. Konnte man jedoch keine Lösung in Säure erzielen, dann muß die im nachstehenden angeführte Methode angewendet werden, die gleichzeitig auch als Unterscheidungsreaktion von Schwerspat und Gips dient: Man stellt sich in einem Becherglas eine Lösung von etwa einer Löffelspitze Ammoniumkarbonat in wenig Wasser her und bringt diese zum Sieden. In die siedende Flüssigkeit wird die zu untersuchende Probe eingetragen und gut aufgekocht. Man läßt etwas abkühlen, wirft in die Flüssigkeit ein Stückchen blauen Lackmuspapieres und setzt unter fortgesetztem Umrühren mit einem Glasstab tropfenweise so lange Salzsäure zu, bis sich das Lackmuspapier gerötet hat. Ist Schwerspat zugegen, so verbleibt eine Trübung, die durch Filtrieren entfernt werden muß. Das erhaltene Filtrat wird halbiert und ein Teil desselben durch Zusatz von Ammoniak neutralisiert (siehe Kreide!). Ammoniumoxalatlösung fällt, wenn Gips vorhanden ist, einen feinen weißen Niederschlag aus (Kalziumnachweis!). Dem zweiten Teile des Filtrates wird etwas Bariumchloridlösung zugesetzt; ein entstehender weißer, schwerer Niederschlag zeigt die Anwesenheit der Schwefelsäure an. Der am Filter verbliebene Schwerspatniederschlag kann noch durch die Hepar-Reaktion (siehe Schwerspat!) nachgewiesen werden; zu diesem Zwecke kann das gut mit Wasser ausgewaschene Filter direkt auf der Kohle vor dem Lötrohr verascht werden, worauf der verbleibende Rest vor der Weiterbehandlung mit Soda gemischt wird.

Gips allein gibt infolge seines Schwefelsäuregehaltes ebenfalls die Hepar-Reaktion. Wichtig ist, um sich vor Fehlresultaten zu schützen, die Verwendung von destilliertem Wasser, da gewöhnliches Leitungswasser oft sehr kalkhaltig ist und dann die Reaktion undeutlich machen könnte.

T1b
5

5. Ton (Weißerde).

Der Ton, ein in der Malerei wegen seines billigen Preises, seiner chemischen Widerstandsfähigkeit und seiner besonders guten Deckkraft in wäßrigen Bindemitteln häufig angewendetes Pigment, findet sich in reinstem Zustande (Porzellanerde) verhältnismäßig selten in der Natur. Der gewöhnliche Malerton ist immer graustichig, weshalb er allein schwerlich verwendbar ist. Er wird aus diesem Grunde auch meistens mit der wohl schlechter deckenden, dafür aber um so weißeren Kreide gemischt. Ton wird auch künstlich als Substrat für Farblacke hergestellt, enthält aber in dieser Form keine Kieselsäure; man nimmt hierfür Tonerdehydrat. Da der natürliche Ton immer sehr sandig ist, so muß er peinlichst von dieser Beimengung befreit werden. Noch schwach sandhaltiger Ton heißt mager, sandfreier fett. Diese Bezeichnung ist nicht auf einen eventuellen Fettstoffgehalt zurückzuführen!

Zusammensetzung:

Ton	
Aluminiummetall	Kieselsäure +

Nachweis:

So wie Schwerspat ist auch der Ton in allen Säuren und Laugen unlöslich. Der Nachweis der Kieselsäure ist überflüssig und verbleibt somit nur der Aluminiumnachweis, der auf trockenem Weg erbracht wird: Man mischt den Ton mit kalzinierter Soda und schmilzt auf der Holzkohle vor dem Lötrohr. Die entstandene Schmelze wird mit Kobaltsolution (eine Auflösung von rotviolettem Kobaltnitratsalz in Wasser) befeuchtet und neuerlich erhitzt. Hierbei tritt eine intensive Blaufärbung der Schmelze ein (Thénards-Blau).

T1a
6

6. Zinkweiß.

Das Zinkweiß ist ein künstliches mineralisches Pigment, das in seiner reinsten Form durch Verbrennen reinen Zinkmetalls, sonst beim hüttenmännischen Verblasen von Messingabfällen als Nebenprodukt gewonnen wird. Es ist ein äußerst leichtes, flockiges Pulver. Sowohl in der Leim- als auch in der Öltechnik verwendet, zeichnet es sich durch seine Mischfähigkeit mit allen anderen Farben aus. Nachteilig ist seine Eigenschaft, aus der Luft Kohlensäuregas aufzunehmen und dadurch an Deckkraft einzubüßen; deshalb muß es auch immer gut verschlossen aufbewahrt werden. Diese Eigenschaft führt auch zur allmählichen Zerstörung fertiger Zinkweißölanstriche. Die durch die Kohlensäureaufnahme bedingte Teilchenvergrößerung führt zum Reißen und letzten Endes vollkommenen Abplatzen solcher Anstriche.

Zusammensetzung:

Zinkweiß	
Zinkmetall	Sauerstoff +

Nachweis:

Das Zinkweiß löst sich in Säuren und in Lauge leicht ohne Aufbrausen vollkommen. Durch Schwefelnatrium wird es nicht verändert und zeigt beim Glühen im Glühröhrchen die Eigenschaft, in der Hitze gelb und beim nachherigen Erkalten wieder weiß zu werden. Zum Nachweis des Zinkgehaltes der Farbe wird, so wie beim Ton beschrieben, die Farbprobe mit Soda gemischt, auf der Kohle geschmolzen und nach dem Befeuchten mit Kobaltsolution neuerlich erhitzt. Das Zinkmetall wird an der entstehenden Grünfärbung (Rinnmanns-Grün) erkannt.

T1a
7

7. Lithopone.

Dieser Farbkörper ist ein im großen fabrikmäßig hergestelltes Niederschlagspigment von Schwefelzink auf Blanc fixe, das durch Wechselwirkung von Schwefelbarium und schwefelsaurem Zink gewonnen wird. Sein Blanc-fixe-Gehalt ist schwankend zwischen 40 und 85% und führen die handelsüblichen Qualitäten Farbsiegelbezeichnungen mit Angabe des Schwefelzinkgehaltes. Bei steigendem Gehalt an Schwefelzink ist bessere Deckkraft die Folge. In wäßrigen und öligen Bindemitteln verwendbar, eignet es sich jedoch nicht gut wegen seiner leichten Verwitterbarkeit für Außenanstriche.

Zusammensetzung:

Lithopone	
Zinkmetall	Schwefel
Bariummetall+	Schwefelsäure*

Nachweis:

Da ein dem Schwefelzink ähnlicher Farbkörper nicht existiert, kann sich der Nachweis der Lithopone auf die Bestandteile Zink und Schwefel beschränken; der Nachweis der dem Blanc fixe angehörigen Schwefelsäure könnte eindeutig durch die Hepar-Reaktion erbracht werden. Lithopone löst sich in Säuren wegen des vorhandenen Blanc fixe scheinbar nicht auf. Das Schwefelzink wird aber durch die Säure zerlegt, wobei sich das, nach faulenden Eiern riechende Schwefelwasserstoffgas entwickelt. Ein sichtbarer Nachweis dieses Gases kann durch ein über die Reagensglasmündung gehaltenes, zuvor angefeuchtetes Streifchen Bleizuckerpapier erbracht werden; es färbt sich braun bis schwarz infolge Ausscheidung von Schwefelblei. Sonst verhält sich die Lithopone ähnlich dem Zinkweiß. Wird sie im Glühröhrchen erhitzt, so verfärbt sie sich gelb, um in der Kälte wieder weiß zu werden und gibt auch infolge ihres Zinkgehaltes, wenn sie auf der Kohle mit Soda geschmolzen und Kobaltsolution befeuchtet wird, nach neuerlichem Erhitzen das typische Rinnmanns-Grün.

T1b
8

8. Titanweiß.

Dieses modernste aller Weißpigmente übertrifft infolge seiner maltechnischen Eigenschaften alle anderen bei weitem. Seine vollkommene Unbeeinflußbarkeit durch Säuren und Laugen verleiht ihm eine gute Wetterbeständigkeit. Es ist daher für innen und außen in allen Bindemitteln gleichgut verarbeitbar. Sein reinweißer Ton, seine Ungiftigkeit und Mischfähigkeit sowie seine durch das geringe spezifische Gewicht und durch seinen besonderen Feinheitsgrad bedingte Ausgiebigkeit wird von keinem anderen Weißpigment erreicht. Im Handel erscheinen Niederschlags- und Mischpigmente von Titandioxyd auf und mit Blanc fixe. Der in handelsüblichen Sorten zugesetzte Anteil Zinkweiß hat die Aufgabe, bei Ölanstrichen die zur Härtung desselben erforderliche Metallseife mit dem Leinöl zu bilden. Die Niederschlagspigmente haben gegenüber den Mischpigmenten den Vorteil besserer Deckkraft und es kann diese beim bloßen Mischen nur durch einen höheren Titandioxydgehalt annähernd erreicht werden.

Zusammensetzung:

Titanweiß	
Titanmetall	Sauerstoff +
Bariummetall +	Schwefelsäure
Zinkmetall	Sauerstoff +

Nachweis:

Titandioxyd und Blanc fixe sind in Säuren und Laugen vollkommen unlöslich. Daher wird auch eine Probe von Titanweiß, wenn sie mit Säure gekocht wird, scheinbar unverändert bleiben, obwohl sich das vorhandene Zinkweiß löst. Zum Nachweis der einzelnen Bestandteile verfährt man wie folgt: Man mischt eine Probe Titanweiß mit mindestens doppelter Menge kalzinierter Soda und schmilzt auf der Kohle vor dem Lötrohr. Ein Drittel der so erhaltenen Schmelze wird in einer Proberöhre mit Salzsäure ausgekocht und mit Wasserstoffsuperoxyd versetzt. Eine eintretende Gelbfärbung weist auf Titan hin. Das zweite Drittel der Schmelze wird auf eine blank gescheuerte Silbermünze gebracht und mit Salzsäure betupft. Ein braunschwarzer Fleck auf der Silbermünze (Hepar-Reaktion) beweist das anwesende Blanc fixe. Der Rest der auf der Kohle verbliebenen Schmelze wird mit Kobaltsolution betupft und neuerlich erhitzt. Die entstehende Grünfärbung (Rinnmanns-Grün) ist der Nachweis für das Zink.

Bestimmung weißer Farben.

Zusammenfassung:

Soll ein unbekannter weißer Farbkörper auf seine Zusammensetzung geprüft werden, so wende man den nachfolgenden Untersuchungsgang an, der methodisch geordnet alle Weißfarben enthält.

Als erster Versuch wird eine Probe der zu prüfenden Weißfarbe mit genügend verdünnter Salzsäure (ein Parallelversuch kann mit verdünnter Salpetersäure vorgenommen werden) zuerst in der Kälte behandelt und dann gekocht. Löst sich die Farbe unter Aufbrausen, dann ist sie Kreide (Wienerweiß) oder Bleiweiß; welcher von den beiden Farbkörpern vorliegt, ist eindeutig aus ihrem Verhalten gegenüber Lauge, Schwefelnatrium und auf der Kohle vor dem Lötrohr erkennbar. Löst sich die Farbe ohne Aufbrausen auf, dann liegt Zinkweiß oder Gips vor. Ersteres kann an seinem Verhalten gegenüber Lauge im Glühröhrchen und auf der Kohle weiter nachgewiesen werden; letzteres hingegen läßt sich wie tiefer angegeben erkennen. Löst sich die Probe in Säure nicht auf, so können alle anderen Weißpigmente: Lithopone, Ton, Schwerspat, Titanweiß oder Gips vorliegen. Schon an einem Versuch mit einem Streifchen Bleizuckerpapier läßt sich an eintretender Schwärzung das Vorhandensein von Lithopone nachweisen. Ob eines der übrigen Weißpigmente vorliegt, muß mittels eines Aufschlusses in kochender Ammoniumkarbonatlösung untersucht werden. Tritt beim Ansäuern desselben eine klare Lösung ein, so war die Probe Gips, bleibt sie jedoch trüb, so ist sie Ton, Schwerspat oder Titanweiß. Die Unterscheidung dieser drei Pigmente kann nach einer Schmelze mit Soda auf der Kohle eindeutig getroffen werden und beweist nach dem Betupfen derselben mit Kobaltsolution eintretende Blaufärbung Ton, Grünfärbung Titanweiß, das weiter noch durch den Versuch mit Wasserstoffsuperoxyd eindeutig bestimmt werden muß; die bloße Hepar-Reaktion zeigt Schwerspat an.

B. Gelbe Farben.

(Siehe Anhang, Tabelle 2.)

Zu diesen zählen neben einer Reihe künstlich hergestellter mineralischer Pigmente auch natürliche Mineralfarben und verschiedene Farblacke. Dunklere Farbnuancen werden des öfteren als braun bezeichnet, weshalb auch die bei der Gruppe der braunen Farben angegebenen Untersuchungsmethoden zu beachten sind.

T2
9

1. Ocker (Goldocker).

Er zählt zu den billigsten gelben Mineralfarben, ist natürlicher Herkunft und je nach seinem Fundort verschieden im Farbwert. Er stellt einen durch wasserhaltiges Eisenoxyd (Hydroxyd) gefärbten Ton dar, mit einem zwischen etwa 8 und 30% schwankenden Eisengehalt. Sein Vorkommen ist recht häufig und haben aus Frankreich stammende Sorten Berühmtheit. Stark eisenhaltige Ockersorten kommen aus Italien und heißen Terra siena. Mahlen, Pulvern und Schlämmen sind die erforderlichen Aufbereitungsmethoden zur Überführung des Ockers in eine für den Maler brauchbare Form. Durch Brennen kann sein Farbton bis in Dunkelbraun verwandelt werden, was durch Austreiben des im Eisenhydroxyd chemisch gebundenen Wassers und Bildung von Eisenoxyd bewirkt wird. Auf künstlichem Wege hergestellte Ocker heißen Marsgelb und enthalten an Stelle des Tones zumeist Kreide.

Zusammensetzung:

Ocker	
Eisenmetall	Sauerstoff (Wasser) +
Aluminiummetall*	Kieselsäure +

Nachweis:

Der Nachweis des Ockers beschränkt sich zweckmäßig auf die Erkennung des stets in ihm enthaltenen Eisens. Der Sauerstoff wird nicht nachgewiesen und der Beweis des Tones ist schon erbracht durch die Unlöslichkeit des Ockers in Säuren und Laugen. Erkennbar ist das Eisen an seinem Verhalten gegenüber zwei verschiedenen Reagenzien: Mit gelbem Blutlaugensalz wird ein blauer Niederschlag (Berlinerblau), mit Ammoniak eine braune, flockige Fällung (Eisenhydroxyd — künstlicher Rost) erhalten. Man verfährt folgendermaßen: Ocker wird gründlich mit Salzsäure in einem Reagensglas ausgekocht. Während sich das Eisen als salzsaures Eisen löst, bleibt der Ton ungelöst (Trübung!). Nun wird filtriert: Am Filter verbleibt der zumeist noch etwas eisenhaltige Ton, während im Filtrat eine klare gelbe Eisenlösung erhalten wird. Der Ton am Filter kann durch Veraschen des Papieres, nachheriges

Mischen der Asche mit Soda und Befeuchten mit Kobaltsolution an der entstehenden Blaufärbung (Thénards-Blau) erkannt werden. Das Filtrat wird in zwei Teile geteilt: Zu einem derselben gibt man ein Körnchen gelbes Blutlaugensalz und erhält sogleich eine dunkelblaue Fällung. Dem zweiten Teil gibt man Ammoniak zu und kocht; entstehende braune Flocken beweisen neuerlich eindeutig das vorhandene Eisen. Gegen Laugen und Schwefelnatrium ist der Ocker unempfindlich, wird aber beim Glühen im Glasröhrchen dunkelbraun. Im Ocker etwa vorhandene Kreide (Marsgelb) ist am Aufbrausen in Salzsäure sofort erkennbar. Allerdings tritt dann vollkommene Lösung ein.

T 2
10

2. Chromgelb.

Es zählt zu den wertvollen gelben, künstlich hergestellten Mineralfarben und wird durch einfache Wechselwirkung zwischen Bleisalzen (zumeist Bleizucker = essigsaures Blei) und Chromsalzen gewonnen. Je nach der Führung des Prozesses werden solcherart lichtere oder dunklere Sorten erhalten. Chromgelb ist ein in Leim- und Öltechnik gleich gut verwendbarer, vorzüglich deckender Farbkörper, der aber infolge seines Bleigehaltes nie mit schwefelhaltigen Farben gemischt werden darf. Auch in oder auf Kalk kann Chromgelb wegen seiner Empfindlichkeit gegen Laugen (siehe Chromrot!) nicht verwendet werden. Sein teurer Preis und sein intensiver Farbton veranlassen häufig Streckungen mit billigen Weißfarben, wie z. B. Kreide, Ton, Spat usw., deren Nachweis nicht schwer fällt. Reines Chromgelb hat typische Erkennungsmerkmale. Infolge seines Bleigehaltes ist es giftig! Reinste Sorten erscheinen in Stückform unter dem Namen Baltimore im Handel.

Zusammensetzung:

Chromgelb	
Bleimetall	Chromsäure

Nachweis:

Chromgelb ist in Säuren schon bei schwachem Erwärmen löslich. Wird es in Salzsäure gelöst, so können sich leicht nadelförmige Kristalle von salzsaurem Blei abscheiden, die aber nicht mit unlöslichen Streckungsmitteln verwechselt werden dürfen. Ein Kontrollversuch mit Salpetersäure gibt hier eindeutigen Aufschluß (siehe Bleiweiß!). Wird die salzsaure Lösung mit ein paar Tropfen Alkohol versetzt und neuerdings erwärmt, so verfärbt sich die Lösung grün. Ebenso färbt sich die Boraxperle, wenn Chromgelb in ihr verschmolzen wird (Chromnachweis!). Chromgelb löst sich auch in Lauge auf, wird aber zunächst orangerot. Aus dieser Lösung kann es durch Zusatz von Essigsäure wieder als gelber Niederschlag zurückgewonnen werden (Unterschied gegenüber Zinkgelb!). Wird Chromgelb mit Schwefelnatrium übergossen, so schwärzt es sich infolge seines Bleigehaltes. Daher entsteht auch auf der Kohle nach dem Erhitzen mit dem Lötrohr ein Bleikorn (Bleinachweis!).

T2
11

3. Zinkgelb.

Dem Chromgelb seiner Zusammensetzung nach nahe verwandt ist das Zinkgelb, das so wie dieses durch Vereinigen von Chromsalzen, jedoch mit Zinksalzen fabrikmäßig hergestellt wird, Farb- und Deckkraft sind wohl geringer als die des Chromgelbes, doch läßt es sich im Gegensatz zu diesem bedenkenlos mit allen Farben mischen und auf Kalk verwenden. Es ist praktisch ungiftig und gleich gut in der Leim- und Öltechnik verwendbar.

Zusammensetzung:

Zinkgelb	
Zinkmetall	Chromsäure

Nachweis:

Zinkgelb löst sich in Säuren glatt auf. Wird der salzsauren Lösung etwas Alkohol zugesetzt, so tritt die gleiche Grünfärbung wie bei Chromgelb als Folge des Chromgehaltes ein; aus dem gleichen Grunde färbt sich auch die Boraxperle mit Zinkgelb grün. In Lauge löst sich das Pigment ohne vorangehende Rotfärbung auf, kann aber durch Essigsäure nicht zurückgefällt werden. Zinkgelb auf der Kohle mit Kobaltsolution befeuchtet und erhitzt liefert als Zinkfarbe das typische Rinnmanns-Grün (siehe Zinkweiß!). Schwefelnatrium gibt keine positive Reaktion.

T2 12

4. Bleiglätte.

Dieses gelbe Bleioxyd, auch Massikot genannt, wird heute wohl kaum mehr als Maler- oder Anstreicherfarbe verwendet, spielt jedoch in der Firnis- und Sikkativbereitung sowie als Bestandteil von Ölkitten eine nicht unbedeutende Rolle. Sein Farbton ist sehr matt. Es wird durch Erhitzen von Bleimetall bei Luftzutritt erhalten und liefert, je nach der Art der Abkühlung, pulvrige oder Schuppenglätte. Bei weiterem Erhitzen verwandelt sich die Glätte in sauerstoffreicheres, rotes Bleioxyd — Minium. (Siehe Seite 44.) Sie ist giftig wie alle Bleifarben!

Zusammensetzung:

Bleiglätte	
Bleimetall	Sauerstoff +

Nachweis:

Die Erkennungsmerkmale sind sehr einfach. Der Bleigehalt wird an der Schwärzung durch Schwefelnatrium sowie an der Bildung eines weichen Bleikorns beim Schmelzen der Glätte auf der Holzkohle erkannt, während sich der Sauerstoffnachweis erübrigt. Überdies löst sich die Bleiglätte in Salzsäure, leichter noch in Salpetersäure, auf; auch Lauge dient als Lösungsmittel.

T2 13

5. Neapelgelb (Antimongelb).

Dieser schön gelbe Farbkörper ist eine kombinierte Verbindung von Blei und Antimon mit Sauerstoff und wird meistenteils noch in der Kunstmalerei verwendet. Gewonnen wird es bei der Raffination von Hartblei (Blei-Antimon-Legierungen) durch Oxydation im Luftstrom. Es ist giftig und soll mit metallischem Eisen nicht in Berührung kommen, da es dadurch mißfarbig wird. Verwendbar ist es in allen Maltechniken.

Zusammensetzung:

Neapelgelb	
Bleimetall	Antimonsäure

Nachweis:

Wenngleich der Nachweis des Bleies, wie bekannt (Schwärzung durch Schwefelnatrium, Bleikorn auf der Kohle), sehr leicht zu erbringen ist, setzt die Durchführung des Antimonnachweises genaue Beachtung der angegebenen Arbeitsmethode voraus. Man verfährt wie folgt: Eine Probe von Neapelgelb wird mit annähernd gleichen Teilen kalzinierter Soda und pulvrisiertem Schwefel (Schwefelblumen) innigst gemischt und in ein Glühröhrchen gefüllt. Zuvor richtet man sich in einem Becherglas etwas Wasser bereit, in welches das nach gutem Schmelzen auf starker Flamme noch rotglühende Glasröhrchen geworfen wird. Es zerspringt im Wasser und ermöglicht so das nun folgende, erforderliche Aufkochen und Auslaugen der Schmelze. Durch Filtrieren wird die Lösung geklärt und dem Filtrat etwas Salzsäure zugesetzt. Ein sich bildender orangeroter Niederschlag ist der Nachweis für das vorhandene Antimon. Dieser Bestandteil des Neapelgelbs ist auch im Bleikorn, das durch Lötrohrschmelze auf der Kohle erhalten wird, erkennbar. Sind alle aus Bleifarben stammenden Bleikörner weich und mit dem Messer schneidbar, so ist im Gegensatze zu diesen das aus Neapelgelb erschmolzene Bleikorn hart und spröde, was auf den Gehalt an Antimon zurückzuführen ist; Antimon dient ja auch als Härtungsmittel für Bleimetall. In Säuren und Laugen löst sich Neapelgelb niemals restlos.

6. Schüttgelb.

Dieser pflanzliche Farblack, der aus einem Extrakt der in Asien vorkommenden Gelbbeeren durch Niederschlagung auf Kreide erhalten wird, zeichnet sich durch guten Farbton, jedoch geringe Beständigkeit aus.

Zusammensetzung:

Schüttgelb	
Gelbbeerenextrakt	Substrat (Kreide)

Nachweis:

In Salzsäure löst sich dieser Farblack unter Aufbrausen (Kreidenachweis) und gibt beim Erhitzen im Glühröhrchen nach vorangehendem Verkohlen eine weiße Asche.

Außer den bisher beschriebenen gelben Pigmenten erscheinen auch eine Reihe gelber Farblacke im Handel, deren Zusammensetzung insofern einheitlich ist, als alle aus irgendeinem gelben Teerfarbstoff bestehen, der auf einem geeigneten Substrat befestigt ist. Durch diese Teerfarblacke wurde auch das früher häufiger verwendete Indischgelb ersetzt und verdrängt; seine färbende Substanz stammt aus dem Harn indischer Kühe, die mit den Blättern des exotischen Mangobaumes gefüttert werden. Die Durchführung des Nachweises solcher Farblacke ist später in einem gesonderten Kapitel beschrieben.

Bestimmung gelber Farben.

Zusammenfassung:

Bei der Prüfung unbekannter gelber Farbkörper empfiehlt sich die Einhaltung des im nachstehenden angegebenen Untersuchungsganges.

Als erster Versuch wird, so wie bei den Weißfarben beschrieben, eine Probe des gelben Pigments mit genügend Salzsäure erwärmt. Ein Parallelversuch mit verdünnter Salpetersäure ist zu empfehlen, da nur mit dieser Säure einwandfrei die Löslichkeit der Farbe festgestellt werden kann. Entsteht eine klare, gelbe Lösung, so kann die Farbe nur Chromgelb oder Zinkgelb sein. Die diesbezüglichen Unterscheidungsmerkmale wurden eingehend beschrieben und ist nur besonders darauf zu achten, daß der zum Chromnachweis erforderliche Alkoholzusatz niemals in der salpetersauren Lösung erfolgt, sondern stets nur in der salzsauren Lösung durchgeführt wird. Löst sich der gelbe Farbkörper unter Hinterlassung eines weißen Rückstandes teilweise auf, so ist das Vorhandensein von Ocker wahrscheinlich, dessen Eisengehalt unter Zuhilfenahme von gelbem Blutlaugensalz oder Ammoniak leicht nachgewiesen werden kann. Löst sich die Probe in Salzsäure jedoch nicht glatt auf, so ist die Anwesenheit von Bleigelb oder Neapelgelb wahrscheinlich. Ein eindeutiges Resultat liefert der unter Neapelgelb beschriebene Aufschluß im Glühröhrchen unter Beimischung von Soda und Schwefel. Die Erkennung eines gelben Farblackes, zu denen auch das pflanzliche Schüttgelb zu zählen ist, erfolgt nach den für alle Farblacke geltenden Untersuchungsmethoden (siehe Seite 67).

C. Rote Farben.

(Siehe Anhang, Tabelle 3.)

Die Zahl prächtiger Rotfarben mineralischer Herkunft ist sehr beschränkt und sind diese auch nicht wahllos verwendbar; daher findet man unter den Rotfarben sehr viele Farblacke, die zumeist Niederschlagspigmente von kräftig färbenden Teerfarbstoffen darstellen.

T3 / 14

1. Chromrot.

Das Chromrot ist eine Abart des bereits ausführlich beschriebenen Chromgelbs. Es wird auf dem gleichen Wege wie dieses erhalten, jedoch nachher noch mehr oder minder lang mit Lauge behandelt, wodurch eine Farbtonänderung von Hellorange bis Rot eintritt. Es ist basisches chromsaures Blei und darf deshalb mit schwefelhaltigen Farben nicht gemischt werden. In oder auf Kalk ist es im Gegensatz zu Chromgelb verwendbar, weil eine Verfärbung durch die Laugeneinwirkung nicht mehr eintreten kann.

Zusammensetzung:

Chromrot	
Bleimetall	Chromsäure

Nachweis:

Es gelten hier die gleichen Erkennungsmerkmale wie für das Chromgelb. Nur bei der Behandlung mit Lauge tritt sofortige Lösung, ohne vorberige Rotfärbung, beim Erwärmen ein.

T3 / 15

2. Mennige (Minium).

Mennige ist rotes Bleioxyd, die, wie bei Bleiglätte beschrieben wurde, durch längeres Erhitzen derselben erhalten wird. Sie kann nur in öligen Bindemitteln verarbeitet werden und ist eine hochwertige Rostschutzfarbe, deren günstige Eigenschaften bisher noch von keinem anderen Pigment erreicht wurden. Dem Rostschutze von Eisenkonstruktionen aller Art ist stets besonderes Augenmerk zuzuwenden, und man war seit jeher bemüht, die relativ teure und wenig ausgiebige Mennige durch andere Stoffe zu ersetzen. Den Rostschutzfarben fällt die Aufgabe zu, Wasser und Sauerstoff vom Eisen abzuhalten, um es vor der zerstörenden

Wirkung des Rostes zu schützen; außerdem soll aber das Eisen in einen passiven (nicht teilnehmenden) Zustand versetzt werden, in welchem es chemisch träge ist, d. h. schwer Verbindungen mit anderen Elementen eingeht. Mennige erfüllt diese Forderungen in hohem Maße um so mehr, als es mit den öligen Bindemitteln auch eine chemische Verbindung (Bleiseife) eingeht, die einen absolut wasserundurchlässigen Überzug auf der vor Rost zu schützenden Fläche erzeugt. Daneben wird Mennige aber auch als Substrat zur Herstellung von Zinnoberersätzen aus Teerfarben verwendet. Außer der gewöhnlichen Mennige wird in neuerer Zeit auch noch sogenannte „disperse Mennige" gehandelt, die sich infolge ihrer eigenartigen Struktur trotz des hohen spezifischen Gewichtes nicht so leicht im Bindemittel absetzt und auch nicht so rasch in demselben verseift und erhärtet wie gewöhnliche Mennige. Sie ist giftig, schwefelempfindlich und die schwerste Körperfarbe, die in den farbenverarbeitenden Gewerben angewendet wird. Die Empfindlichkeit gegen Schwefel fällt jedoch nicht so sehr in die Waagschale, da Mennigeanstriche fast ausnahmslos noch mit anderen Schönungsanstrichen überdeckt werden.

Zusammensetzung:

Mennige	
Bleimetall	Sauerstoff +

Nachweis:

Mennige löst sich in Salzsäure sehr schwer, entwickelt aber hierbei giftiges grünes Chlorgas, das an der Violettfärbung eines angefeuchteten, über die Mündung des Reagensglases gehaltenen Streifchens Jodkalistärkepapier sofort erkennbar ist. Der in der salzsauren Lösung verbleibende Rückstand ist vornehmlich schwer lösliches salzsaures Blei und ist an seiner kristallartigen Beschaffenheit erkennbar. Auf der Holzkohle liefert Mennige ein weiches Bleikorn; wird sie im Glühröhrchen erhitzt, so verfärbt sie sich rotbraun bis gelb und schmilzt.

T 3
16

3. Englischrot (Engelrot).

Eisenoxyde verschiedenster Herkunft werden unter dem Namen Englischrot, Engelrot und anderen Bezeichnungen als

Maler- und Anstreicherfarbe gehandelt. Ihr Farbton ist vielfach wechselnd. Produkte, die durch direktes Vermahlen von Eisenerzen erhalten werden, sind rein rotbraun, während Kiesabbrände, die aus dem Herstellungsgang der Schwefelsäure stammen, in der Regel einen violetten Stich zeigen (Caput mortuum). Gleichbleibende Farbtöne weisen künstlich hergestellte Englischrotsorten auf, die unter dem Namen Marsrot bekannt sind. Englischrot wird auch oft als Eisenminium bezeichnet, da vielfach versucht wurde, dieses Produkt als billigen Ersatz für Bleiminium zum Rostschutz heranzuziehen (siehe Mennige!).

Zusammensetzung:

Englischrot	
Eisenmetall	Sauerstoff +

Nachweis:

Reines Englischrot, das keinerlei Beimengungen enthält, muß sich in Salzsäure zu einer dunkelgelben Flüssigkeit auflösen, ohne einen Rückstand zu hinterlassen. Diese Lösung wird vor ihrer weiteren Untersuchung auf Eisen stark mit Wasser verdünnt und verfährt man sonst wie beim Ocker beschrieben: Ein Körnchen gelbes Blutlaugensalz fällt dunkelfarbiges Berlinerblau als Niederschlag, während Ammoniak braune Flocken von Eisenhydroxyd abscheidet. Wichtig ist die Prüfung auf etwa vorhandene freie Säure, die im Englischrot enthalten sein kann, wenn es aus der Schwefelsäurefabrikation stammt. Zu diesem Zweck wird eine Probe des zu untersuchenden Pigments im Glühröhrchen erhitzt und über die Mündung desselben ein angefeuchtetes Streifchen blauen Lackmuspapieres gehalten. Rötet sich dieses, so ist das Vorhandensein freier Säure nachgewiesen und darf ein solcher Farbkörper niemals auf einer metallischen Malfläche (Eisenblech o. dgl.) verarbeitet werden. Lauge und Schwefelnatrium verändern das Englischrot nicht.

T3
17

4. Zinnober, echt.

Ursprünglich wurde diese Körperfarbe direkt der Natur entnommen, wo sie als unscheinbar gefärbtes Mineral vorkommt. Wesentlich prächtiger sind künstlich hergestellte Zinnobersorten, die durch Vereinigung von Quecksilbermetall und Schwefel erhalten werden. Es ist chemisch wenig reaktionsfähig und in Säuren und Laugen vollkommen unlöslich. Aus diesem Grunde ist der Zinnober auch sehr beständig und wird in allen Maltechniken verwendet. In vielen Literaturangaben wird Zinnober als Gift infolge seines Quecksilbergehaltes bezeichnet. Dies ist unwahrscheinlich, weil sich echter Zinnober infolge seiner Unlöslichkeit in allen Säuren auch in der Magensäure nicht löst. Er kann auch trotz seines Schwefelgehaltes mit Blei oder Kupferfarben gemischt werden. Sein hoher Preis gebietet jedoch oft die Verwendung von Zinnoberersätzen, deren bessere Sorten durch Niederschlagung von Teerfarben auf Chromrot oder Mennige erhalten werden; für schlechtere Qualitäten wird auch Schwerspat als Substrat herangezogen.

Zusammensetzung:

Zinnober, echt	
Quecksilbermetall	Schwefel

Nachweis:

Auf nassem Wege erreicht man infolge der Unlöslichkeit des echten Zinnobers in Säuren und Laugen wenig. Da er selbst eine Schwefelverbindung vorstellt, so verändert er sich auch durch Schwefelnatium nicht. Einfach und sicher läßt sich Zinnober auf trockenem Weg durch Erhitzen im Glühröhrchen erkennen: In ein Glühröhrchen gebracht und erhitzt zerlegt sich echter Zinnober leicht in seine Bestandteile. Das metallische Quecksilber verdampft, schlägt sich aber in Form feinster Tröpfchen an den kalten Wandungen des Glühröhrchens nieder und bildet dort einen spiegelartigen Belag (Quecksilberspiegel). Der Schwefel ist in der Glühhitze nicht beständig und verbindet sich

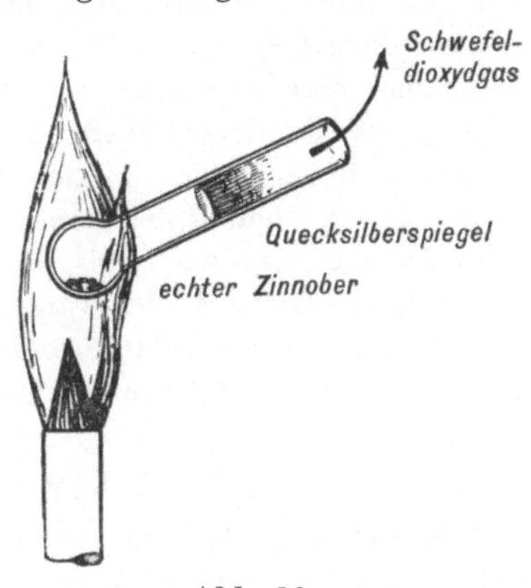

Abb. 10.

sofort mit Sauerstoff zu einem stechend riechenden Gas, dem Schwefeldioxyd, das auch beim Verbrennen vom reinen Schwefel auftritt. Dieses Gas entweicht und wird am einfachsten an seinem Geruch erkannt. Ein vor die Mündung des Glühröhrchens gehaltenes feuchtes Streifchen blauen Lackmuspapiers rötet sich infolge der sauren Eigenschaften des Schwefeldioxyds.

5. Zinnoberersatz.

Wie bereits beim Zinnober beschrieben, sind dies durchwegs Farblacke, deren färbende Substanzen je nach der Qualität des Endproduktes auf verschiedenen Substraten niedergeschlagen sind.

Zusammensetzung:

Zinnober, unecht	
Teerfarbstoff	Substrate: Chromrot, Mennige, Schwerspat u. a.

Nachweis:

Der Nachweis des vorhandenen Teerfarbstoffes wird am einfachsten durch Herstellung eines alkoholischen Auszuges erbracht (siehe Seite 67), während die Bestimmung des Substrates nach den bereits angegebenen Methoden durchgeführt wird. Wichtig ist die Beobachtung des Verhaltens im Glühröhrchen: Echter Zinnober bildet an den Wandungen des Glühröhrchens einen Quecksilberspiegel und scheidet stechend riechendes Schwefeldioxydgas ab. Falsche Zinnoberarten hingegen lassen an den kalten Glühröhrchenwandungen deutlich braune Tröpfchen entstehender Teerdestillationsprodukte erkennen, während dem Glühröhrchen selbst brenzlich riechende Dämpfe entweichen.

6. Weinrot.

Weinrot, auch Kardinalrot genannt, ist ein in der Zimmermalerei häufig verwendeter, billiger Farblack von dunklem Farbton. Allerlei Substrate, auch eisenhaltige Grünerde u. dgl., dienen zur Befestigung der wenig lichtbeständigen Teerfarben dieser Art.

Zusammensetzung:

Weinrot	
Teerfarbstoff	Substrate aller Art

Nachweis:

Der Nachweis des Teerfarbstoffes erfolgt durch alkoholischen Auszug, die Bestimmung des Substrates nach den bekannten Methoden.

7. Karminrot.

Dieser Farbstoff entstammt der künstlich gezüchteten Cochenilleschildlaus, deren Weibchen getrocknet in den Handel kommen. Durch Auskochen mit Wasser oder Lauge wird der Farbstoff extrahiert und auf Tonerdehydrat niedergeschlagen. Infolge seines teuren Preises wird er zumeist nur als Aquarell- und Künstlerölfarbe verwendet.

Zusammensetzung:

Karminrot	
Karminnacarat	Tonerdehydrat*

Nachweis:

Die Erkennung des organischen Karminfarbstoffes erfolgt am besten durch Auskochen mit Lauge, die hierbei eine dunkelviolettrote Färbung annimmt. Der Nachweis der Tonerde erübrigt sich, kann aber als Thénards-Blau erbracht werden.

Bestimmung roter Farben.

Zusammenfassung:

Bei diesen verfährt man am besten so, daß man sich zunächst durch Anstellung einer Glühprobe und Anfertigung eines alkoholischen Auszuges davon überzeugt, ob ein organischer oder mineralischer Farbkörper vorliegt. Für die Erkennung der mineralischen Rotfarben diene folgender Untersuchungsgang: Eine Probe wird mit Salzsäure behandelt; löst sie sich vollkommen auf, dann liegt Chromrot oder Englischrot vor, die leicht voneinander unterschieden werden können. Tritt in Salzsäure langsame Lösung unter gleichzeitiger Entwicklung von Chlorgas ein (Nachweis mit angefeuchtetem Jodkalistärkepapier!), so kann man auf Mennige schließen, während dann, wenn die Probe ungelöst bleibt, die Untersuchung auf echten Zinnober angestellt werden muß.

D. Braune Farben.

(Siehe Anhang, Tabelle 4.)

Zu diesen zählen vor allem die gebrannten Ockersorten, außerdem aber eine Reihe von Farbkörpern, die als erdige Braunkohlenarten unter den verschiedensten Namen im Handel erscheinen. Die beständigsten unter den Braunfarben sind jedoch die echten Umbrasorten.

T4 | 18

1. Umbra, echt.

Ihre beste Sorte kommt auf der Mittelmeerinsel Zypern vor und ist eine grünstichige, manganoxydhaltige Ockererde. Sie kann in wäßrigen und öligen Bindemitteln verwendet werden und ist chemisch sehr indifferent.

Zusammensetzung:

<table>
<tr><th colspan="2">Umbra, echt</th></tr>
<tr><td>Eisenmetall</td><td rowspan="2">Sauerstoff +</td></tr>
<tr><td>Manganmetall</td></tr>
<tr><td>Aluminiummetall +</td><td>Kieselsäure +</td></tr>
</table>

Nachweis:

Die echte Umbra löst sich in Salzsäure infolge ihres Tongehaltes scheinbar nicht. Eisen- und Manganoxyd gehen jedoch in Lösung und wird hierbei Chlorgas abgeschieden, das an der Violettfärbung eines über die Mündung des Reagensglases gehaltenen angefeuchteten Streifchens Jodkalistärkepapier erkannt wird. Filtriert man die salzsaure Lösung, so kann im Filtrat der Eisengehalt nach den bekannten Methoden mit gelbem Blutlaugensalz oder Ammoniak erkannt werden. Die Erkennung des Mangans ist sehr leicht durch Anfertigung einer Schmelze auf einem Stückchen Platinblech möglich: Die zu untersuchende Probe wird mit etwa der sechsfachen Menge kalzinierter Soda, der etwas pulverisierter Salpeter zugesetzt wurde, geschmolzen. Die Schmelze zeigt gleich nach dem Erstarren schon bei ganz geringen Manganmengen eine blaugrüne Färbung. Ist kein Platinblech zur Hand, so gibt auch der folgende Nachweis eindeutig Aufschluß über vorhandenes Mangan. Eine Probe der zu untersuchenden Umbraerde wird mit Schwefelsäure aufgekocht. Gleichzeitig stellt man sich eine Mischung von einer Messerspitze voll Bleiminium und Salpetersäure her, die ebenfalls erhitzt wird. Nun werden diese beiden Flüssigkeiten zusammengegossen und entweder filtriert oder absitzen gelassen. Das Mangan erkennt man an der Rosafärbung des Filtrates oder der über dem abgesetzten Niederschlag verbleibenden klaren Lösung. Lauge, Ammoniak und Schwefelnatrium verändern echte Umbra nicht, dunkle Sorten bleiben auch beim Glühen unverändert.

T4 / 19

2. Kasselerbraun.

Farbkörper dieser Art kommen auch unter anderem Namen vornehmlich als kölnische Umbra in den Handel. Es sind dies braunkohlige Erden, die infolge ihrer Löslichkeit als Lasuren vielfach Anwendung finden.

Zusammensetzung:

Kasselerbraun
Mulmige Braunkohle (Kohlenstoff)

Nachweis:

Während Kasselerbraun in Säuren unlöslich ist, löst es sich in Lauge mit feurig dunkelbrauner Farbe auf. Wird es im Glühröhrchen erhitzt, so hinterläßt es eine gelblichbraune Asche.

T4 / 20

3. Ocker, gebrannt.

Diese Braunfarben verschiedenster Tönung werden durch Brennen natürlicher Lichtockersorten erhalten, wobei sich das die Färbung verursachende gelbe Eisenhydroxyd in braunes Eisenoxyd umwandelt. In bezug auf ihre Maleigenschaften gilt das für Ocker Gesagte.

Zusammensetzung:

Ocker, gebrannt	
Eisenmetall	Sauerstoff +
Aluminiummetall +	Kieselsäure +

Nachweis:

Der Nachweis gebrannter Ockersorten beschränkt sich auf den Nachweis des Eisens aus der salzsauren Lösung mit gelbem Blutlaugensalz oder Ammoniak. Eine Probe auf Mangan (siehe Umbra echt!) ist zu empfehlen, um sicher zu sein, daß keine Umbrasorte vorliegt. Beim Glühen verändert sich gebrannter Ocker im Gegensatz zum Goldocker nicht.

Bestimmung brauner Farben.

Zusammenfassung:

Infolge der geringen Anzahl brauner Farben gestaltet sich der Untersuchungsgang sehr einfach. Schon die Behandlung mit verdünnter Salzsäure und darauffolgendes Filtrieren zeigt, welcher Art die Probe sein kann: Tritt eine teilweise Lösung ein, was an der Gelbfärbung des Filtrates erkennbar ist, so liegt echte Umbra oder Ocker vor, während ein klares ungefärbtes Filtrat auf das Vorhandensein von Kasselerbraun hinweist. Die Unterscheidung der beiden ersten Farben erfolgt durch Zusammenbringen eines Schwefelsäureaufschlusses mit einer Mischung von Mennige und Salpetersäure und ist hierbei die echte Umbra an der rosa Färbung der Lösung erkennbar.

Kasselerbraun wird eindeutig durch seine Löslichkeit in Lauge festgestellt.

E. Blaue Farben.

(Siehe Anhang, Tabelle 5.)

Als Blaufarben stehen eine Reihe von mineralischen Pigmenten zur Verfügung, doch finden sich auch gut beständige Farblacke von pflanzlichen und Teerfarbstoffen. Sie sind fast durchwegs gut beständig und werden heute ausnahmslos auf künstlichem Wege hergestellt.

T5 21

1. Berlinerblau (Pariserblau).

Dieser Farbkörper wird im großen fabrikmäßig auf die gleiche Weise hergestellt, wie es bei der praktischen Farbprüfung beim Zusatz von gelbem Blutlaugensalz zu Eisenlösungen geschieht. Es ist ein tief dunkelblauer Farbkörper, der in öligen und wäßrigen Bindemitteln verwendet wird. Durch Säuren wird Berlinerblau nicht beeinflußt, ist aber sehr laugenempfindlich, weshalb es in oder auf Kalk nicht verwendet werden darf. Vielfach kommen Streckungen mit weißen Farbpigmenten aller Art im Handel vor; diese werden gewöhnlich durch willkürlich gewählte Phantasienamen verschleiert. Obwohl das Berlinerblau eine Zyanverbindung ist, ist es vollkommen ungiftig, was auf seinen eigenartigen Aufbau zurückzuführen ist.

Zusammensetzung:

Berlinerblau	
Eisenmetall +	Eisenzyansäure

Nachweis:

In Säuren ist Berlinerblau unlöslich und verändert auch seinen Farbton nicht. Durch Lauge hingegen wird es braun, doch schlägt dieser Farbton wieder in Blau bei Zusatz von Säuren um. Wird es im Glühröhrchen erhitzt, so entstehen äußerst *giftige*, am Geruch nach bitteren Mandeln erkennbare *Zyandämpfe*! *Größte Vorsicht ist bei der Durchführung dieses Versuches dringend geboten* und sind Glühröhrchen, die von solchen Proben stammen, sogleich durch Abschrecken in Wasser oder Ablage an einem luftigen Ort unschädlich zu machen. Der Nachweis des Eisengehaltes erscheint überflüssig, da ein ähnlich aufgebauter Farbkörper nicht existiert.

T5 22

2. Ultramarinblau.

Das Ultramarinblau ist ein künstlich hergestellter Farbkörper, der durch Glühen von Gemischen einer Reihe selbst ungefärbter Stoffe entsteht. Verwendet wird hierzu: Tonerde, Quarzsand, Glaubersalz, Holzkohle und Schwefel. Die Zusammensetzung der Ultramarine ist äußerst kompliziert und noch nicht eindeutig geklärt. Je nach der Führung des Fabrikationsprozesses werden Ultramarinfarben verschiedenster Tönungen, wie: Blau, Rot, Violett und Grün, erhalten, von denen jedoch nur das Ultramarinblau besondere Bedeutung erlangt hat. Es ist recht gut beständig, gegen Säuren jedoch sehr empfindlich, da es durch diese entfärbt wird. Verwendbar ist es mit allen Bindemitteln und zeigt gute Lichtbeständigkeit.

Zusammensetzung:

Ultramarinblau	
Aluminiummetall +	Kieselsäure +
Natriummetall +	Schwefel

Nachweis:

Wie schon erwähnt, entfärbt sich Ultramarinblau sowie alle anderen Ultramarinfarben bei Zusatz von Salzsäure vollkommen unter Hinterlassung einer von feinst verteiltem Schwefel herrührenden Trübung. Gleichzeitig entsteht hierbei das bekannte, nach faulenden Eiern riechende Schwefelwasserstoffgas, das sich auch sichtbar an der Schwärzung eines feuchten Streifchens Bleizuckerpapier erkennen läßt, sobald es über die Reagensglasmündung gehalten wird (siehe Seite 34). Der Nachweis der anderen, in den Ultramarinen enthaltenen Bestandteile ist nicht von Bedeutung und erübrigt sich deshalb. In Laugen ist Ultramarin unlöslich und dunkelt etwas beim Glühen nach.

T5
23

3. Kobaltblau, echt.

Diese prächtige, jedoch äußerst teure Farbe ist streng genommen eine Niederschlagung von blauem Kobaltoxyd auf Tonerde. Sie ist absolut licht- und hitzebeständig, eignet sich zur Verwendung in allen Bindemitteln und wird durch chemische Reagenzien nicht zerstört.

Zusammensetzung:

Kobaltblau, echt	
Kobaltmetall	Sauerstoff +
Aluminiummetall +	Kieselsäure +

Nachweis:

Selbst durch Kochen von echtem Kobaltblau in stärksten Säuren oder Laugen verändert es seinen Farbton nicht. Durch Schwefelnatrium jedoch wird es geschwärzt. Einwandfrei nachweisen läßt es sich durch Einschmelzen in eine Boraxperle, die durch echtes Kobaltblau intensiv blau gefärbt wird. Beim Glühen im Glasröhrchen bleibt es vollkommen unverändert.

T5 24

4. Bergblau.

Das Bergblau ist eine Kupferfarbe und infolge seiner Giftigkeit und schlechten Deckkraft heute nur mehr selten als Farbkörper in Verwendung. Wird es künstlich hergestellt, so führt es den Namen Bremerblau. Als Ölfarbe ist es überhaupt unverwendbar und zeigt große Empfindlichkeit gegen Schwefelwasserstoffgas.

Zusammensetzung:

Bergblau	
Kupfermetall	Sauerstoff (Wasser) +

Nachweis:

Bergblau und Bremerblau lösen sich in Säuren leicht auf, die hellblaue Farbe der Lösung schlägt bei Zusatz von Ammoniak in Tiefdunkelblau um. Mit Schwefelnatrium tritt Schwarzfärbung ein. Im Glühröhrchen erhitzt, bildet sich infolge Abgabe des chemisch gebundenen Wassers schwarzes Kupferoxyd.

Außer den hier angeführten mineralischen Pigmenten gibt es auch noch eine Reihe von blauen Teerfarblacken, die alle nach der allgemein gültigen Methode der Bestimmung von Farblacken (siehe Seite 67) untersucht werden.

Bestimmung blauer Farben.

Zusammenfassung:

Die Unterscheidung der mineralischen Blaupigmente ist sehr einfach. Zeigt sich bei der Behandlung einer Probe mit Salzsäure sofortige vollkommene Entfärbung unter gleichzeitiger Entwicklung von Schwefelwasserstoffgas, das eindeutig am Geruch und an der Schwärzung eines Streifchens Bleizuckerpapier erkennbar ist, so ist die zu untersuchende Farbe Ultramarinblau. Löst sich die Farbe hingegen in Salzsäure auf, so liegt Berg- oder Bremerblau vor, das an seinem Verhalten gegenüber Ammoniak (Dunkelblaufärbung der Lösung) erkannt wird. Löst sich die Probe in Salzsäure nicht, so kann sie echtes Kobaltblau oder Berlinerblau sein. Die weitere Unterscheidung dieser beiden Blaufarben erfolgt durch Beobachtung ihres Verhaltens gegenüber Lauge und im Glühröhrchen. Den Nachweis des Vorhandenseins eines organischen Farblackes erbringt man durch Herstellung eines alkoholischen Auszuges.

F. Grüne Farben.

(Siehe Anhang, Tabellen 7 und 8.)

Bei den grünen Farben unterscheidet man zwischen gleichartigen (homogenen) Pigmenten und fertigen Mischpigmenten, die durch fabrikmäßiges Zusammenmischen verschiedener Farbkörper erhalten werden. Außerdem gibt es eine Reihe billiger Farblacke verschiedenster Tönungen.

T6
25

1. Chromoxydgrün.

Es ist dies der wertvollste aller grünen Farbkörper und zeichnet sich durch seine unbedingte chemische Widerstandsfähigkeit besonders aus. Sein kräftiger Farbton läßt Mischungen und Streckungen mit den verschiedensten Pigmenten zu; solche Gemenge tragen in der Regel Phantasienamen. Verwendbar ist das Chromoxydgrün in allen Maltechniken. Es wird in zwei verschiedenen Abarten gehandelt. Man unterscheidet zwischen stumpfem und feurigem Chromoxydgrün; das erstere ist reines Chromoxyd, während letzteres ein wasserhaltiges Chromoxyd (Chromoxydhydrat) vorstellt. Beide werden durch Glühen von Kaliumbichromat mit verschiedenen Zusätzen gewonnen.

Zusammensetzung:

Chromoxydgrün	
Chrommetall	Sauerstoff (Wasser) +

Nachweis:

Chromoxydgrün ist in Säuren und Laugen vollkommen unlöslich und muß daher auf trockenem Wege nachgewiesen werden: Man mischt die zu untersuchende Probe mit einer reichlichen Menge kalzinierter Soda, der etwas pulvrisierter Salpeter (Natriumnitrat) zugesetzt wurde und schmilzt dieses innige Gemenge auf der Kohle vor dem Lötrohr. Nun entsteht eine gelbe Schmelze, die sich leicht nach dem Losbrechen von der Holzkohle in heißem Wasser auflösen läßt. Nun wird filtriert, um die Flüssigkeit von den anhaftenden Kohlenteilchen zu befreien, und dem Filtrat eine Lösung von essigsaurem Blei in Wasser (Bleizuckerlösung) zugesetzt. Eine entstehende gelbe Fällung (Chromgelb!) beweist vorhandenes Chromoxydgrün. Wird Chromoxydgrün ohne Zusatz von Flußmitteln hoch erhitzt, so verändert es seine Farbe nicht.

T6
26

2. Grünerde.

Die Grünerde ist ein dem Ocker chemisch verwandter Farbkörper. Sie ist hauptsächlich Tonerde, die jedoch durch Eisensilikate mattgrün gefärbt ist. Je nach ihrem Fundorte besitzt sie wechselnden Farbton und unterscheidet man zwischen Böhmischer-, Tiroler-, Zyprischer-, Veroneser Grünerde und noch anderen Sorten. Sie wird selten als Farbkörper direkt, vielmehr als Substrat zur Herstellung billiger Farblacke verbraucht. Das in der Malerei sehr häufig angewendete Wandgrün ist ein solcher Farblack, der durch Niederschlagung des intensiv färbenden Teerfarbstoffes Brillantgrün auf Grünerde erhalten wird. Sein Farbton ist dem des Chromoxydhydratgrüns ähnlich, doch ist es wesentlich unbeständiger als dieses. Verwendbar ist die Grünerde so wie Ocker in allen Bindemitteln und ist ebenfalls vollkommen ungiftig.

Zusammensetzung:

Grünerde	
Eisenmetall	Kieselsäure +
Aluminiummetall +	

Nachweis:

In Salzsäure löst sich Grünerde beim Kochen scheinbar nicht. Dennoch geht ein Teil des in ihr enthaltenen Eisens in Lösung und kann dieses nach dem Filtrieren im klaren Filtrat durch Zusatz von gelbem Blutlaugensalz oder Ammoniak rasch erkannt werden (Eisennachweis!). Lauge, Schwefelnatrium oder andere Reagenzien geben keinerlei eindeutige Anhaltspunkte. Wird Grünerde geglüht, so färbt sie sich infolge Bildung von braunem Eisenoxyd rostbraun.

T6 | 27

3. Schweinfurtergrün.

Dieses prächtig grüne Farbpigment wird ausschließlich auf künstlichem Wege hergestellt und ist eine arsenhaltige Kupferfarbe. Der Arsengehalt bedingt seine enorme Giftigkeit; deshalb ist die Verwendung von Schweinfurtergrün schon seit mehreren Jahrzehnten in der Malerei gänzlich, in der Anstreicherei für Innenarbeiten durch eine aus dem Jahre 1906 stammende Verordnung gesetzlich verboten. Dieses Verbot bezieht sich jedoch nicht nur auf Arsenfarben nach dem Typus Schweinfurtergrün, deren es eine ganze Reihe unter verschiedenen Namen gibt, sondern auf alle Farbpigmente, die auch wesentlich weniger Arsen enthalten. Es empfiehlt sich aus diesem Grunde auch, in zweifelhaften Fällen bei allen anderen Farbpigmenten die Prüfung auf eventuell vorhandenes Arsen anzustellen, da die Verwendung solcher giftiger Farben zu Konflikten mit dem Strafgesetz führen könnte. Die Giftwirkung des Arsens ist eine eigenartige. Nicht allein die Einatmung oder sonstwie erfolgende Aufnahme fester Arsenfarbenstäubchen verursacht schwere Gesundheitsschädigungen, sondern auch die Einatmung arsenhaltiger Dämpfe, die sich aus den mit solchen Farben gestrichenen Flächen durch Einwirkung von Feuchtigkeit und Beförderung durch einen mit freiem Auge gar nicht sichtbaren Schimmelpilz bilden. Hergestellt wird das Schweinfurtergrün durch Vereinigung von Grünspan, Arsenik und Essigsäure, und es finden sich des öfteren Verschnitte, die auf den teuren Preis der Farbe zurückzuführen sind. Wenn man von den gesetzlichen Verwendungseinschränkungen absieht, so könnte Schweinfurtergrün gleich gut in allen Bindemitteln verwendet werden, es ist aber wegen der chemischen Verwandtschaft des Kupfers zum Schwefel mit schwefelhaltigen Farben nicht mischbar.

Zusammensetzung:

Schweinfurtergrün	
Kupfermetall	Arsensäure
	Essigsäure +

Nachweis:

Reines Schweinfurtergrün ist leicht zu erkennen. Es löst sich in verdünnter Salzsäure glatt zu einer grünen Flüssigkeit auf, deren Kupfergehalt sich durch Zusatz von Ammoniak an der entstehenden, tief dunkelblauen Färbung rasch und leicht erkennen läßt. Der Kupfergehalt ist auch an der Schwärzung durch Schwefelnatrium sowie an dem Verhalten des Pigments in Lauge, die Braunfärbung verursacht, erkennbar. Der Nachweis des Arsens kann durch Erhitzen von Schweinfurtergrün auf der Kohle erbracht werden; es entsteht ein deutlich wahrnehmbarer knoblauchartiger Geruch.

Geringe Arsenmengen in Farbkörpern aller Art lassen sich durch Prüfung auf der Kohle nicht mehr nachweisen. Zu diesem Zwecke muß eine eigene Untersuchung angestellt werden; die gegebenen Vorschriften hierfür sind genau zu beachten. Die Methode selbst beruht auf der Tatsache, daß frisch entstehendes Wasserstoffgas bei Anwesenheit auch geringer Spuren Arsen dieses zu einer kombinierten Verbindung von Arsen-Wasserstoff-Gas veranlaßt. Dieses ist wiederum an seinem Verhalten gegenüber salpetersaurem Silber in fester Kristallform oder aber in konzentrierter Lösung deutlich erkennbar. Man verfährt wie folgt: Die zu untersuchende Farbprobe wird in einem Reagensglas mit reinster verdünnter Schwefelsäure so lange ausgekocht, bis ein über die Reagensglasmündung gehaltenes Streifchen angefeuchteten Bleizuckerpapieres keine Veränderung mehr zeigt. Dadurch ist die Sicherheit gegeben, daß alle schwefelhaltigen Anteile der zu untersuchenden Farbe vollkommen zerstört wurden. Nun bringt man in die noch warme Lösung ein bis zwei Zinkgranalien, das sind kleine Zinkkörnchen oder einige Zinkblechschnitzel. Es entsteht Wasserstoffgas durch Vereinigung des Metalls mit Säure; bei Vorhandensein von Arsen bildet sich jedoch Arsenwasserstoffgas. Beide Gase sind am Aufsteigen der Gasblasen und dem deutlich vernehmbaren Rauschen zu erkennen. Nun verschließt man das Reagensglas mit einem lockeren Wattepfropf, um ein Verspritzen der gasenden Flüssigkeit zu verhindern, legt über die Reagensglasmündung ein Stückchen Filtrierpapier, auf das entweder ein kleiner Kristall salpetersauren Silbers gelegt oder ein Tropfen einer konzentrierten Lösung dieses Salzes in Wasser gebracht wird. Kristall oder Flüssigkeitstropfen bleiben vollkommen unverändert, wenn dem Reagensglas nur Wasserstoffgas entweicht, färben sich aber gelb bis braunschwarz, wenn auch ganz geringe Spuren Arsen in der zu untersuchenden Probe enthalten waren. Obwohl diese Methode über die Menge des enthaltenen Arsens keinen Aufschluß gibt, so kann als Richtschnur für die Verwendbarkeit der untersuchten Farbe in der Malerei gelten, daß Farben, die in kürzester Zeit einen dunkelbraunen Fleck liefern, unbedingt abzulehnen sind, während Farben, die nur die Entstehung einer Gelbfärbung am Filtrierpapier verursachen, noch ohne Bedenken verwendet werden dürfen. Die Empfindlichkeit dieser Reaktion macht es jedoch unerläßlich, vor der eigentlichen Farbenprüfung einen sogenannten Leerversuch zu veranstalten. Dieser wird ohne Farbenzusatz mit Zink, Schwefelsäure und Silbernitrat allein auf gleiche Weise durchgeführt und dient zur Erlangung der Überzeugung, daß die zur Prüfung verwendeten Reagenzien selbst absolut arsenfrei sind, was nicht immer der Fall ist.

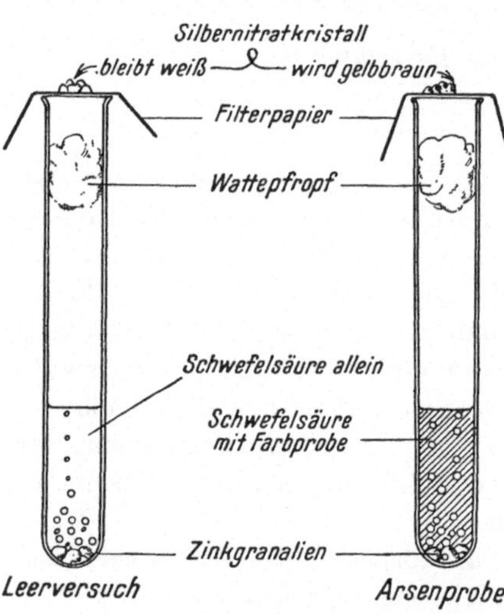

Abb. 11. Arsennachweis.

T6
28

4. Ultramaringrün.

Dieser Farbkörper ist seiner chemischen Zusammensetzung nach dem Ultramarinblau äußerst ähnlich. Auch das Herstellungsverfahren unterscheidet sich von dem des Ultramarinblaues wenig, da es ein Zwischenprodukt auf dem Wege zur Gewinnung von Ultramarinblau vorstellt. Demzufolge ist auch der Vorgang zum Nachweis des Ultramaringrüns vollkommen gleich wie der unter Kapitel E (S. 53) angegebene.

Zusammensetzung:

Ultramaringrün	
Aluminiummetall +	Kieselsäure +
Natriummetall +	Schwefel

T6,7
29

5. Chromgrün.

Unter Chromgrün werden im Gegensatze zum Chromoxydgrün stets fabrikmäßig hergestellte Mischungen von Chromgelb und Berlinerblau verstanden. Sie haben je nach der Farbnuance des Chromgelbs und dem Mengenverhältnis der beiden Bestandteile verschiedenste Farbtöne. Entsprechend ihren Eigenschaften sind die Chromgrünsorten in oder auf Kalk unverwendbar und auch mit schwefelhaltigen Farben nicht mischbar. Sie können durch Selbstmischen erhalten werden, ist doch die Verwendung solcher fertiger Gemische nicht unbedingt vorteilbringend.

Zusammensetzung:

Chromgrün	
Bleimetall	Chromsäure*
Eisenmetall +	Eisenzyansäure

Nachweis:

In Salzsäure löst sich Chromgrün nur teilweise, da das Berlinerblau durch dieselbe nicht angegriffen wird. Im klaren Filtrat läßt sich die Chromsäure an der Grünfärbung nach erfolgtem Alkoholzusatz erkennen. Wird helleren Chromgrünsorten Schwefelnatriumlösung zugesetzt, so ist eine Schwärzung noch erkennbar, die aber bei dunklen Sorten infolge der vom Berlinerblau herrührenden intensiven Blaufärbung undeutlich wird. Beim Erhitzen von Chromgrün im Glühröhrchen entsteht das nach bitteren Mandeln riechende Zyangas (Vorsicht! — Siehe Berlinerblau!).

T6,7 / 30

6. Zinkgrün.

Dem Chromgrün nahe verwandt ist das Zinkgrün, da es ebenso wie dieses durch Mischung von Berlinerblau, jedoch mit Zinkgelb erhalten wird. Auch seine Farbtöne sind, den Mengenverhältnissen der gemischten Farbkörper entsprechend, verschieden. Ebenso sind die Eigenschaften des Pigments in denen der Bestandteile begründet.

Zusammensetzung:

Zinkgrün	
Zinkmetall	Chromsäure*
Eisenmetall +	Eisenzyansäure

Nachweis:

Zinkgrün mit Salzsäure versetzt, ergibt eine teilweise Lösung, in deren Filtrat das Chrom durch Zusatz von Alkohol nachweisbar ist (Grünfärbung!). Im Gegensatze zu Chromgrün bleibt das Pigment nach Schwefelnatriumzusatz unverändert. Beim Erhitzen im Glühröhrchen entstehen jedoch infolge des Berlinerblaugehaltes ebenfalls die giftigen Zyandämpfe (Vorsicht beim Riechen!).

T6,7 / 31

7. Permanentgrün (Viktoriagrün).

Wird das teure Chromoxydhydratgrün mit Schwerspat verschnitten, so erhält man einen als Permanentgrün bezeichneten Farbkörper. Wenn dem Grün noch überdies zur Erzielung eines lebhafteren Farbtones Zinkgelb zugesetzt wird, so heißen solche Gemische Viktoriagrün. Die Eigenschaften dieser Pigmente kombinieren sich aus denen der Bestandteile.

Zusammensetzung:

Permanentgrün (Viktoriagrün)	
Chrommetall	Sauerstoff +
Bariummetall +	Schwefelsäure*
(Zinkmetall)	(Chromsäure)

Nachweis:

In Salzsäure sind diese Mischgrüne nur dann teilweise löslich, wenn sie Zinkgelb enthalten, das im Filtrat an der Grünfärbung durch zugesetzten Alkohol leicht erkennbar ist. Am Filter selbst verbleiben Chromoxydhydratgrün und Schwerspat, deren Nachweis einerseits durch eine mit Soda-Salpeter auf der Kohle anzufertigende Schmelze (siehe Chromoxydgrün!), anderseits durch die Hepar-Reaktion (siehe Schwerspat!) erfolgt. Schwefelnatrium hat auf diese Mischpigmente keinen Einfluß.

Bestimmung grüner Farben.

Zusammenfassung:

Man überzeugt sich zunächst von der Löslichkeit des zu untersuchenden Grünpigmentes in Salzsäure. Erreicht man eine klare Lösung, so kann die Farbe nur Schweinfurtergrün sein, das in der beschriebenen Weise weiter untersucht werden muß. Bleibt die Probe jedoch scheinbar ungelöst, so muß filtriert werden: Ist der Niederschlag am Filter dunkelgrün, so deutet dies auf vorhandenes Chromoxydgrün, dessen Nachweis in eigenen Proben sowohl an der Unlöslichkeit in Lauge als auch durch Anfertigung einer Soda-Salpeterschmelze und weitere Behandlung derselben, wie angegeben, erbracht wird. Ist der Niederschlag jedoch hellgrün, so muß auf etwa vorhandenen Schwerspat und im Filtrat auf Zinkgelb geprüft werden, um zu erkennen, ob die untersuchte Probe Permanentgrün oder Viktoriagrün war. Eine Prüfung des Filtrates auf Eisen mit gelbem Blutlaugensalz und Ammoniak zeigt an, ob die Farbe Grünerde enthält. Hier sei bemerkt, daß viele Grünfarben schwach eisenhaltig sind und infolge der Empfindlichkeit der Reaktion mit Blutlaugensalz leicht einen geringfügigen blauen Niederschlag oder nur eine schwache Blaufärbung geben. Es ist daher ein Parallelversuch mit Ammoniak unbedingt anzustellen; dieser zeigt geringe Eisenmengen, die nur von Verunreinigungen herrühren, nicht an. Ist der von der salzsauren Lösung am Filter verbleibende Rückstand blau, so kann man auf Chromgrün oder Zinkgrün schließen und wird die Unterscheidung der beiden an ihrem Verhalten gegenüber Schwefelnatrium getroffen.

Eine durchaus einwandfreie Unterscheidung der handelsüblichen Mischgrüne (siehe Tabelle 7 im Anhang!) gibt folgender Untersuchungsgang: Man beobachtet das Verhalten der Farbprobe in Lauge: Tritt eine nahezu gänzliche Lösung ein (zurückbleibende braune Flocken müssen abfiltriert werden), so zeigt dies das Vorhandensein von Chromgrün oder Zinkgrün an. Die diesbezügliche Unterscheidung wird durch zwei Versuche getroffen. Einer Hälfte des Filtrates setzt man Essigsäure zu: Fällt ein gelber Niederschlag, so war die Probe Chromgrün, fällt keiner, so war sie Zinkgrün. In der zweiten Filtrathälfte wird Schwefelnatrium zugesetzt: Entsteht ein schwarzer Niederschlag, so beweist dieser vorhandenes Chromgrün, ein schmutzig weißer Niederschlag jedoch deutet auf Zinkgrün. Ist die Probe in Lauge fast unlöslich, so liegt bestimmt ein Mischgrün nach dem Typus Viktoriagrün vor, dessen Bestandteile, wie bereits angegeben, nachgewiesen werden müssen. Nicht zu unterlassen ist die Anfertigung eines alkoholischen Auszuges der Originalsubstanz, um etwaige Schönungen mit Teerfarben festzustellen.

G. Schwarze Farben.

(Siehe Anhang, Tabelle 8.)

Zu den schwarzen Farben zählen die verschiedensten Rußsorten, die durch unvollkommene Verbrennung organischer Substanzen erhalten werden. Außerdem gibt es auch mineralische Schwärzen, die jedoch ihre Bedeutung für die farbenverarbeitenden Gewerbe so gut wie ganz verloren haben.

T8
32

1. Rebenschwarz.

Das Rebenschwarz ist eine pflanzliche Schwärze, die, wie schon der Name sagt, durch Verkohlung von Weintrebern (ausgepreßte Trauben) erhalten wird. Sie ist der Hauptsache nach Kohlenstoff und kann in allen Maltechniken verwendet werden. Rebenschwarz ist fast immer graustichig.

Nachweis:

Rebenschwarz ist in Säuren und Laugen vollkommen unlöslich. Wird es geglüht, so hinterläßt es eine pulvrige Asche.

T8 33

2. Beinschwarz.

Das Beinschwarz wird durch Verkohlung tierischer Knochen, Hautabfälle und anderen tierischen Produkten gewonnen und ist tief schwarz; es deckt besser als Rebenschwarz und kann in allen Maltechniken verwendet werden. Besonders feine Sorten erzeugte man früher durch Verkohlung von Elfenbeinabfällen (Elfenbeinschwarz), doch führt diese Herstellungsart zu sehr teuren Produkten. Es enthält neben Kohlenstoff auch die unverkohlbaren mineralischen Anteile der tierischen Knochen (phosphorsaure Salze).

Nachweis:

Wird Beinschwarz geglüht, so hinterläßt es infolge der mineralischen Bestandteile eine körnige Asche. In Salzsäure, besser noch in Salpetersäure, ist das Beinschwarz teilweise löslich. Wird dem klaren Filtrat einer solchen Lösung eine als Magnesiamixtur bezeichnete Lösung von Magnesiumchlorid, Ammoniumchlorid und Ammoniak in Wasser[1]) zugesetzt, so entsteht ein weißer Niederschlag von phosphorsaurem Magnesium, der den Phosphorgehalt der Schwärze beweist.

T8 34

3. Ruß (Lampenschwarz).

Diese Schwärze wird durch unvollkommene Verbrennung von hoch kohlenstoffhaltigen Erdölprodukten (Rohpetroleum und dergleichen) sowie Azetylengas erhalten und ist ein äußerst flockiges, leichtes Pulver.

---

[1]) Die Vorschrift zur Anfertigung der Magnesiamixtur befindet sich im Anhang.

Nachweis:

Ruß ist in Säuren und Laugen vollkommen unlöslich. Da er fast reiner Kohlenstoff ist, verbrennt er auch beim Glühen restlos ohne Hinterlassung irgendeines Rückstandes.

Bestimmung schwarzer Farben.

Zusammenfassung:

Zur Unterscheidung der schwarzen Farben untereinander prüft man zuerst ihre Löslichkeit in Salpetersäure. Es muß auf alle Fälle filtriert werden, da keine der Schwarzfarben in Säure restlos löslich ist. Fällt im Filtrat durch zugesetzte Magnesiamixtur ein weißer Niederschlag, so zeigt dieser Beinschwarz an. Fällt jedoch kein Niederschlag, so wird das Verhalten beim Glühen beobachtet. Restloses Verbrennen deutet auf Ruß, das Zurückbleiben einer pulvrigen Asche auf Rebenschwarz.

H. Graue Farben.

Graue Farbtöne werden in der Malerei fast ausnahmslos durch Abtönen weißer Pigmente mit schwarzen ermischt. Trotzdem erscheinen im Handel Graufarben, die entweder durch Mischung von Weiß und Schwarz bereitet werden oder aber als Nebenprodukte bei verschiedenen Prozessen entstehen. Als Zinkgrau bezeichnet man schmutzige Zinkweißsorten, die auch etwas metallisches Zink enthalten können. Dieses wird erkannt an dem bei der Lösung des Zinkweißes in Salzsäure entstehenden schwachen Aufbrausen durch Bildung von Wasserstoffgas. Ein Graupigment, das unter dem Namen Maschinengrau im Handel erscheint, ist eine Lithoponesorte, die mit einer Schwärze abgetönt wurde. Für sie gilt der unter Lithopone beschriebene Nachweis und ist die Bestimmung der Schwärze selbst vollkommen belanglos.

J. Violette Farben.

Violette Farbtöne mischt sich der Maler am besten selbst aus Blau und Rot. Dennoch kommen bisweilen in der Ausübung des Malerhandwerkes violette Farbpigmente zur Verwendung, weshalb sie an dieser Stelle kurz erwähnt seien. Sofern es sich um violette Teerfarben handelt, so gilt hierfür das im folgenden Kapitel Gesagte. Als lichtechte Fassadenfarben kommen noch folgende mineralische Pigmente in Betracht:

1. Ultramarinviolett.

Auch diese Ultramarinfarbe ähnelt in der Zusammensetzung dem Ultramarinblau und entsteht als Übergangsstufe bei der Fabrikation des Ultramarinrotes aus dem Ultramarinblau. Der chemische Nachweis erfolgt daher auf die gleiche Art, wie es beim Ultramarinblau angegeben ist.

2. Kobaltviolett.

Diese Kobaltfarbe ist zufolge ihres Kobaltgehaltes außerordentlich teuer, jedoch sehr beständig und im Farbton satt. Der chemische Nachweis erfolgt gleicherweise wie beim Kobaltblau (Zweiter Abschnitt, E, S. 54) angegeben.

Alle bisher beschriebenen chemischen Untersuchungsmethoden können nur mit trockenen Pulverfarben oder Farben, die in wäßrigen Bindemitteln angerieben sind, durchgeführt werden. Farbkörper, die ölige Bindemittel enthalten, müssen zunächst von diesen befreit werden. Handelt es sich um rein mineralische Pigmente, so geschieht die Entfernung des Bindemittels leicht durch direktes Abbrennen des Öles. Farbkörper, die jedoch nicht hitzebeständig sind, würden durch Anwendung einer solchen Methode chemische Veränderungen erleiden, die die nachfolgende Untersuchungsarbeit nicht nur erschweren, sondern in vielen Fällen unmöglich machen könnten. In diesem Falle muß das Bindemittel durch Ausschütteln der Ölfarbe mit Lösungsmitteln aller Art, wie Alkohol, Äther, Benzin, Azeton u. dgl., besorgt werden, wobei sich das Öl herauslöst und dadurch die Körperfarbe separiert wird.

II. Die Erkennung organischer Teerfarben (Farblacke).

Die Teerfarben, selbst zumeist lösliche und daher lasierende Farbstoffe, sind heute mehr denn je auch in der Malerei und Anstreicherei in Verwendung. Sie müssen aber für diese Zwecke erst unlöslich gemacht, d. h. in Körperfarben übergeführt werden. Wie schon erwähnt, geschieht dies durch Niederschlagung der durch ihr besonderes Färbevermögen ausgezeichneten Teerfarben auf nicht oder schwachgefärbte Substrate mineralischer Herkunft. Ihrer Zusammensetzung nach sind es größtenteils sehr kompliziert aufgebaute Kohlenwasserstoffverbindungen, die aus Teerdestillationsprodukten gewonnen werden. Der Teer selbst ist ein Nebenprodukt, das bei der Leuchtgasfabrikation abfällt und vor Bekanntwerden seiner wertvollen Bestandteile als unverwendbar vernichtet wurde. Heute ist er die Fundgrube vieler tausender chemischer Verbindungen, die einerseits zur Weiterverarbeitung auf Farbstoffe, anderseits zur Gewinnung von Heilmitteln und anderen Produkten verwendet werden. Durch Destillation wird aus dem Teer ein Schwer-, Mittel- und Leichtöl gewonnen, aus denen man die Anthrazen-, Alizarin-, Anilin-, Naphthol- und andere Farbstoffe erzeugt. Da die Teerfarben außer zur Herstellung von Farblacken auch zur „Schönung" mineralischer Pigmente herangezogen werden, ist es unerläßlich, daß der praktische Maler die Möglichkeiten zu ihrer Feststellung kennt; dabei ist es für ihn aber vollkommen nebensächlich zu wissen, welcher Teerfarbstoff vorliegt; es wäre auch unmöglich, Methoden zu deren Identifizierung bekanntzugeben. Durch die enorm große Anzahl bekannter Teerfarben wurde dieser Teil der Farbenchemie ein Spezialgebiet, das selbst dem Berufschemiker infolge seiner Vielfältigkeit mitunter große Schwierigkeiten bereitet. Soll nun festgestellt werden, ob in einem Farbpigment ein organischer Farbstoff enthalten ist, so geschieht dies auf einfachste Weise durch eine Glühprobe. Die Unbeständigkeit aller organischen Substanzen in der Hitze und eintretendes Verkohlen oder Verbrennen zeigt sofort an, daß ein organischer Teerfarbstoff vorliegt. Daneben gibt aber auch die Tatsache, daß die meisten Teerfarben in Alkohol (Weingeist) schon in der Kälte löslich sind, einen wertvollen Anhaltspunkt zu ihrer Erkennung. Man verfährt dabei folgendermaßen: Eine Probemenge des zu untersuchenden Farbstoffpulvers wird in ein Reagensglas gebracht und mit Alkohol übergossen; nun wird tüchtig geschüttelt und hernach absitzen gelassen. Hat sich der so geklärte Alkohol gefärbt, so ist dies schon der Beweis für das Vorhandensein eines Teerfarbstoffes. Mitunter wird es aber notwendig erscheinen, die alkoholische Flüssigkeit schwach zu erwärmen und die Farbextraktion durch Zusatz einiger Tropfen Essigsäure oder Ammoniak zu befördern. Größere Sicherheit gibt eine Filtration, die nach der Behandlung mit Alkohol das mineralische Pigment von der Flüssigkeit trennt.

III. Die Bestimmung verschnittener Farben.

Der Hauptzweck aller angestellten chemischen Prüfungen gipfelt in der Erkennung des Zusatzes von Streckungsmitteln in handelsüblichen Farben. Das Nichtbestehen allgemein anerkannter Normen im Farbenhandel ermöglicht es jedem Farbenerzeuger und -händler, wertvolle Pigmente durch minderwertige Zusätze zu verbilligen. Werden sie dann noch mit klingendem Phantasienamen auf den Markt gebracht, so ist es selbst dem bewährtesten Praktiker unmöglich, sich ohne weiteres zurechtzufinden. Noch schwieriger jedoch sind Qualitätsbeanstandungen nach erfolgter Lieferung, wenn „nach Muster“ gekauft wurde. Wie notwendig ist es dann, daß der Maler imstande ist, Muster und Ware auf ihre Übereinstimmung zu prüfen. Und solche Prüfungen sollen nicht nur in maltechnischer Hinsicht erfolgen, sie müssen vielmehr auch auf chemischem Wege durchgeführt werden. Da infolge der unübersehbaren Möglichkeiten von Mischungen und Verschnitten ein genauer, für alle Farbmischungen gültiger Arbeitsgang nicht angegeben werden kann, so seien im nachfolgenden einige Beispiele angeführt, die aufzeigen sollen, wie man bei der Prüfung eines handelsüblichen Farbmaterials vorgeht. Eine genaue Kenntnis der chemischen Eigenschaftsmerkmale der reinen Farbpigmente und Vertrautheit mit allen Untersuchungsmethoden wird unschwer jede Farbenkombination aufklären lassen. Genaueste Beobachtung aller sich abspielenden Vorgänge ist allerdings, wie schon mehrfach betont, eine unerläßliche Voraussetzung.

Beispiel 1.

Es liegt ein weißer Farbkörper unbekannter Zusammensetzung vor, die zu ermitteln ist.

Durchführung.

Da bei einer Weißfarbe die Gegenwart von Buntfarben ausgeschlossen ist, so beschränkt sich die Untersuchung auf den bei den Weißfarben angegebenen Untersuchungsgang. Zeigt sich, daß die Probe in Säure unlöslich, trotzdem aber lebhafte Gasentwicklung wahrnehmbar ist, so deutet dies auf Bleiweiß oder Kreide (Wienerweiß) mit irgendeinem Verschnitt hin. Beobachtet man in einer getrennten Probe mit Schwefelnatrium eine Schwärzung, so ist Bleiweiß sicher erkannt. Zur Feststellung des Verschnittmaterials wird nun ein Probequantum mit Soda gemischt und auf der Kohle mit dem Lötrohr geschmolzen. Da nach dem Beträufeln mit Kobaltsolution keine Blaufärbung eintritt, erscheint Ton ausgeschlossen; man bringt daher die Schmelze auf eine blank gescheuerte Silbermünze und betupft mit Salzsäure. Der auf der Münze entstehende braunschwarze Fleck zeigt Schwerspat oder Gips an. Die diesbezügliche Unterscheidung wird durch einen Aufschluß der Farbprobe in siedender Ammoniumkarbonatlösung getroffen. Nach dem Ansäuern derselben tritt keine Lösung ein, wodurch der anwesende Schwerspat erwiesen erscheint. Eine Weiterverarbeitung des Filtrates nach der beim Gips beschriebenen Methode gibt die Gewißheit, daß dieser nicht vorhanden und somit die Untersuchung abgeschlossen ist.

Ergebnis.

Der weiße Farbkörper ist somit ein mit Schwerspat verschnittenes Bleiweiß.

Beispiel 2.

Ein hellblauer Farbkörper soll auf seine Zusammensetzung geprüft werden.

Durchführung.

Es wird zunächst sein Verhalten in Salzsäure beobachtet. Lebhaftes Aufbrausen zeigt an, daß ein kohlensäurehaltiger Bestandteil zugegen ist. Da eine Prüfung mit Schwefelnatrium in getrennter Probe keine Schwärzung zeigt, so erscheint das Vorhandensein von Kreide erwiesen. In einer neu vorgenommenen Probe, bei der das Farbpulver mit Lauge behandelt wird, zeigt sich, daß die Blaufärbung in Braun umschlägt und daß durch Säurezusatz die ursprüngliche Blaufärbung erhalten wird. Dies deutet auf vorhandenes Berlinerblau, das noch durch einen Glühversuch im Glasröhrchen an den auftretenden, nach bitteren Mandeln riechenden Zyandämpfen bestätigt wird.

Ergebnis.

Der hellblaue Farbkörper ist somit ein mit Kreide gestrecktes Berlinerblau.

Beispiel 3.

Es liegt ein als echter Zinnober bezeichneter Farbkörper vor, und es soll eine Bestätigung für die Angabe der Echtheit erbracht und überdies festgestellt werden, ob eine Schönung mit einem Teerfarbstoff vorliegt.

Durchführung.

Man überzeugt sich zunächst durch Lösungsversuche in Säure und Lauge, daß das Pigment tatsächlich unlöslich ist. Ein nun folgender Glühversuch im Röhrchen gibt einen Quecksilberspiegel bei gleichzeitig auftretendem Schwefeldioxydgeruch, woraus sich ergibt, daß echter Zinnober vorliegt. Nun wird ein kleines Probequantum mit Alkohol fest ausgeschüttelt und filtriert. Da sich der durchfließende Alkohol intensiv rot färbt und klar bleibt, so ist die Anwesenheit eines Teerfarbstoffes erwiesen, der jedoch beim Glühen infolge der auftretenden Schwefeldioxyddämpfe noch nicht erkannt werden konnte.

Ergebnis.

Der untersuchte Farbkörper ist tatsächlich echter Zinnober, der jedoch mit einem Teerfarbstoff geschönt ist.

Beispiel 4.

Ein als „chemisch rein" bezeichnetes Chromgelb soll auf die Richtigkeit der Angabe geprüft werden.

Durchführung.

Man löst eine Probe in Salzsäure, wobei sich zeigt, daß ein kleines Quantum eines unlöslichen Rückstandes zurückbleibt. Um sicher zu sein, daß dieser Rückstand nicht etwa ungelöstes salzsaures Blei ist, wird ein eigener Versuch mit Salpetersäure angestellt. Da sich der Farbkörper auch in dieser Säure nicht restlos löst, so ist die Angabe „chemisch rein" widerlegt und das Vorhandensein eines Verschnittes erwiesen. Man kehrt zur salzsauren Lösung zurück, versetzt diese mit ein paar Tropfen Alkohol und erkennt an der eintretenden Grünfärbung vorhandenes Chrom. Ein eigener Versuch mit Schwefelnatrium beweist das Blei, wodurch die Angabe, daß die Farbe Chromgelb sei, erwiesen erscheint. Der in den sauren Lösungen verbliebene Rückstand zeigt hingegen an, daß das Pigment nicht chemisch rein ist.

Ergebnis.

Die Bezeichnung „Chemisch rein“ für das vorliegende gelbe Farbpigment ist unrichtig! Tatsächlich handelt es sich um ein verschnittenes Chromgelb.[1])

Beispiel 5.

Ein grünlichgelber Farbkörper ist auf seine Zusammensetzung zu prüfen.

Durchführung.

Ein Lösungsversuch in Salzsäure zeigt, daß sich der Farbkörper in derselben nahezu gänzlich mit gelber Farbe löst. Nach dem Filtrieren verbleibt am Filter ganz wenig schwarzer Niederschlag, was darauf hinweist, daß der grüne Stich nicht etwa durch beigemischtes Blau oder Grün, sondern vielmehr auf eine Schwärze, deren qualitative Feststellung nebensächlich, zurückzuführen ist. Im Filtrat wird durch Alkoholzusatz das Vorhandensein von Chrom an der entstehenden Grünfärbung erkannt und in einer getrennten Probe durch Schwefelnatriumzusatz festgestellt, daß infolge Unveränderlichkeit durch denselben, Zinkgelb nachgewiesen erscheint. Der helle Farbton des Musters läßt jedoch das Vorhandensein einer Weißfarbe vermuten; da aber das Pigment in Säure löslich ist, scheiden alle unlöslichen Weißfarben von vornherein aus. Von den löslichen können es aber infolge Nichtaufbrausens nur Zinkweiß oder Gips sein. Zur Erkennung des Zusatzes wird die Salzsäurelösung mit Ammoniak neutralisiert und

[1]) Die Bezeichnung „Chemisch rein“ wäre beim Bezug von Farben grundsätzlich abzulehnen, da sie in den meisten Fällen mißbräuchlich angewendet wird. Der Maler hat kein Interesse daran, zu wissen, ob ein Farbpigment „Chemisch rein“ ist. Wissenswert ist vielmehr, daß die gekaufte Ware unverschnitten und ungeschönt ist. Es empfiehlt sich daher diese Garantie beim Ankauf von Farbpigmenten seitens des Verkäufers zu verlangen.

Ammoniumoxalat zugegeben. Es fällt ein weißer Niederschlag, der das Vorhandensein von Kalk beweist, und es erscheint hiermit Gips als angewendetes Streckungsmittel erwiesen.

Ergebnis.

Es liegt ein mit Gips gestrecktes Zinkgelb vor, das durch geringfügige Mengen einer Schwärze grünstichig erscheint.

Physikalisch-technische Prüfungsmethoden.

I. Bestimmung des Feuchtigkeitsgehaltes.

Jedes Farbmittel, auch wenn es sich noch so trocken anfühlen sollte, enthält mehr oder minder viel Wasser, das es aus der stets feuchten Luft aufnimmt. Ist der in einem Farbkörper enthaltene Feuchtigkeitsgehalt größer als ein Prozent, so bedeutet dies bei hochwertigen Farben gegebenenfalls einen nicht zu unterschätzenden Verlust, weshalb die Bestimmung des Feuchtigkeitsgehaltes in solchen Fällen stets durchgeführt werden sollte. Die Voraussetzung zur Durchführung dieser Bestimmung ist das Vorhandensein einer möglichst genau funktionierenden Waage und die richtige Auswertung der bei der Durchführung ermittelten Zahlenergebnisse. Man verfährt wie folgt: In einem reinen Gefäß, dessen Taragewicht (Eigengewicht) man zuerst festgestellt hat, wiegt man genau 100 g (= 10dkg) der zu prüfenden Substanz ab; man bringt dieses hierauf in ein auf etwas über hundert Grad erhitztes Backrohr, das nicht ganz verschlossen werden darf, um dem verdampfenden Wasser die Möglichkeit zum Abziehen zu geben. Nun wird einige Stunden hindurch erhitzt und gleich nach dem erfolgten Abkühlen wieder gewogen. Die in Grammen festzustellende Gewichtsdifferenz gibt dann zugleich den Feuchtigkeitsgehalt in Prozenten an. Wichtig ist, daß die Temperatur des Backrohres nicht zu hoch steigt, da sonst eine chemische Veränderung des Farbpulvers eintreten und die Richtigkeit des Resultates beeinflussen könnte. Hat man zur Temperaturkontrolle kein geeignetes Thermometer zur Hand, so kann man den erforderlichen Hitzegrad des Backrohres leicht ermitteln, indem man vorher ein mit Wasser gefülltes Gefäß in dasselbe stellt und beobachtet, bei welcher Flammeneinstellung das Wasser gerade im Sieden erhalten wird. Diese Temperatur wird der geforderten von etwas über hundert Graden entsprechen.

II. Bestimmung des Litergewichtes.

Auch hierfür wird eine gut funktionierende Waage und ein Gefäß von bekanntem Inhalt benötigt. Am besten eignet sich ein sogenanntes Ziment (Litermaß), wie es im Schankgewerbe allgemein verwendet wird. Die Feststellung des Litergewichtes ergibt Zahlen, die zu Vergleichen verschiedener Lieferungen gleicher Materialien wertvolle Anhaltspunkte geben. Das Litergewicht einer Pulverfarbe darf nicht mit dem spezifischen Gewicht verwechselt werden. Das spezifische Gewicht eines Farbkörpers ist immer höher als sein Litergewicht, da es das wirkliche Gewicht der Volumseinheit des zusammenhängenden Materials angibt, während das Litergewicht das Gewicht eines Liters Pulverfarbe, die doch stets infolge der rundlichen Beschaffenheit der Einzelteilchen ein bestimmtes Luftquantum mit einschließt, vorstellt. Die Bestimmung wird folgendermaßen vorgenommen: Das genau einen Liter fassende Maß wird mit Pulverfarbe gefüllt und mehrmals leicht aufgestoßen, um ein Zusammenschütteln des Farbpulvers zu erreichen. Zuletzt wird das überfüllte Gefäß mit einem Lineal glatt abgestrichen und gewogen. Nach Abzug der Tara (Eigengewicht des leeren Gefäßes) ergibt sich direkt das Litergewicht ausgedrückt in Kilogramm.

Beispiel einer solchen Berechnung:

Gewicht eines mit Ultramarinblau gefüllten, aufgestoßenen und glattgestrichenen Maßes, Fassungsraum 1 Liter.	1204 g
Gewicht des leeren Maßes (Tara)	364 ,,
Ein Liter Ultramarinblau wiegt infolgedessen	840 g

Zu Vergleichszwecken sind im nachstehenden durchschnittliche Litergewichte der wichtigsten Farbpigmente angegeben. Aus der Tabelle ist ersichtlich, daß diese Zahlen infolge der

Qualitätsverschiedenheiten der Farben keine festen sind und Schwankungen unterliegen.

Litergewichte der gebräuchlichsten Farbpigmente.

	kg pro 1 Liter		kg pro 1 Liter
Beinschwarz	0,5—0,8	Schweinfurtergrün	1,4
Berlinerblau	0,7	Schüttgelb	0,8—1,2
Bleiweiß	2,0—2,4	Schwerspat	1,6—2,5
Chromgelb	0,6—1,3	Titanweiß	1,9—2,3
Chromgrün	0,7—1,8	Ton	1,2—1,5
Chromrot	1,8—2,4	Ultramarinblau	0,6—1,0
Englischrot	0,7—1,1	Umbra, echt	0,5—0,8
Gips	1,1—1,5	Kreide	1,2
Grünerde	0,8—1,2	Zinkgelb	0,5—0,6
Kasselerbraun	0,5	Zinkgrün	0,9—1,1
Lithopone	0,9—1,5	Zinkweiß	0,6—0,9
Marsrot	0,7—0,8	Zinnober, echt	1,7—2,5
Mennige	3,5—4,5	Zinnoberersatz auf Bleiminium	1,8—2,7
Ocker	0,6—0,8	Zinnoberersatz auf Schwerspat	1,2—1,6
Permanentgrün	1,2—1,6		
Rebenschwarz	0,5—0,7		
Ruß	0,1—0,2		

Die angegebenen Zahlen sind auch deshalb nicht unbedingt verbindlich, weil nicht jeder den Versuch unter den gleichen Bedingungen ausführen wird. Sie geben aber dennoch gute Vergleichswerte der einzelnen Pigmente untereinander. Leicht läßt sich unter Zuhilfenahme dieser oder selbst ermittelter Zahlen der für größere Farbenmengen erforderliche Lagerraum berechnen.

III. Bestimmung des Feinheitsgrades.

Wenngleich diese Prüfung exakt nur mit Hilfe von ganz feinen Sieben bekannter Maschenweiten durchgeführt werden kann, so gibt dennoch eine Aufstrichprobe des trockenen Farbpulvers, die mit Hilfe eines Spatels auf einer Glasplatte gemacht wird, hinreichend genauen Aufschluß. Sind gröbere Pulverteilchen vorhanden, so hinterlassen diese beim Ausstreichen auf der Glasplatte in der Farbschicht vertiefte Bahnen, während sandige Anteile deutlich am Knirschen erkennbar sind.

IV. Bestimmung der Ausgiebigkeit.

Diese Prüfungsmethode muß wieder unter Zuhilfenahme einer möglichst genauen Waage durchgeführt werden. Das Farbpulver wird in der notwendigen Menge Binde- und Verdünnungsmittel streichfertig vorbereitet, nachdem das Gewicht der verwendeten Trockenfarbe zuvor festgestellt wurde. Nun wird das die Farbe enthaltende Gefäß einschließlich des zum Streichen notwendigen Pinsels gewogen und auf einer schon vorbereiteten Malfläche fachgemäß verstrichen. Man beachte, daß keine Farbverluste durch Verspritzen eintreten und wiegt das Gefäß nach beendigter Arbeit samt Pinsel zurück. Die ermittelte Differenz ergibt den Farbenverbrauch für die gestrichene Fläche. Wenn die Malfläche genau ein Quadratmeter oder ein genau bemessener Teil eines solchen beträgt, so läßt sich die Ausgiebigkeit der streichfertigen Farbe ohne weiteres, wie das folgende Beispiel erläutert, leicht berechnen; von Wichtigkeit ist für diesen Versuch auch die richtige Vorbereitung des Malgrundes. Er soll nicht saugen und bei der Prüfung dunkler Farben weiß, bei der Prüfung heller Farben schwarz vorgestrichen sein.

Beispiel.

Es soll die Ausgiebigkeit von Titanweiß im Vergleich zu der des Bleiweißes festgestellt werden.

Durchführung.

In zwei verschiedenen Gefäßen werden je 100 g Pulverfarbe mit dem erforderlichen Ölquantum gut angerieben und durch Zusatz einiger weniger Tropfen Terpentinöl streichfähig gemacht. Auf einer mit schwarzer Ölfarbe vorgestrichenen, einen Quadratmeter großen Blechtafel wird eine Diagonale gezogen und nach Feststellung der beiden Bruttogewichte (Farbtopf + Farbe + + Pinsel) eine Hälfte der Tafel mit Bleiweiß, die andere mit Titanweiß gleichmäßig überstrichen. Hernach werden die beiden Farben zurückgewogen und die Gewichte voneinander abgezogen.

Berechnung:

	Bleiweiß	Titanweiß
Farbtopf + Farbe + Pinsel vor dem Verstreichen	498 g	476 g
Farbtopf + Farbe + Pinsel nach dem Verstreichen	455 „	451 „
Farbenverbrauch für einen halben Quadratmeter	43 g	25 g
Daher ergibt sich ein Farbenverbrauch für ein Quadratmeter (doppelt so viel)	86 „	50 „

Durch eine einfache Schlußrechnung läßt sich die Anzahl Quadratmeter errechnen, die in beiden Fällen mit einem Kilogramm Farbe gestrichen werden können. Durch Wiederholung des Versuches auf der gleichen Tafel kann auch die Deckfähigkeit der Farben ermittelt, d. h. festgestellt werden, wieviel Anstriche übereinander zur Erzielung einer vollkommenen Deckung des kontrastreichsten Untergrundes (Weiß auf Schwarz) erforderlich sind.

Schlußrechnung:

Für 1 m² Fläche wurden verbraucht 86 g Bleiweiß
Daher für x „ „ werden „ 1000 „ „

Daraus errechnet sich $x = \frac{1000 \times 1}{86} = \mathbf{11{,}5\ m^2}$

Für 1 m² Fläche wurden verbraucht 50 g Titanweiß
Daher für x „ „ werden „ 1000 „ „

Daraus errechnet sich $x = \frac{1000 \times 1}{50} = \mathbf{20{,}0\ m^2}$

Aus den so erzielten Resultaten ist ersichtlich, daß man mit der gleichen Menge streichfertiger Titanweißölfarbe ungefähr die doppelte Fläche zu streichen vermag als mit Bleiweiß.

V. Prüfung auf Lichtechtheit.

Diese Prüfung ist sehr einfach anzustellen, erfordert aber zur Abgabe eines endgültigen Urteiles eine mehrmonatliche Versuchsdauer. Es kann Hand in Hand mit dieser Prüfung auch gleichzeitig die Wetterbeständigkeit des Pigments ermittelt werden, indem die zur Untersuchung gelangenden Anstriche im Freien, am besten wetterseitig, den atmosphärischen Einwirkungen ausgesetzt werden. Man führt mit der zu untersuchenden Farbe auf einer entsprechend fachgemäß vorbereiteten Malfläche (Brett, Blechtafel o. dgl.) einen Probeanstrich aus und überdeckt die eine Hälfte desselben nach erfolgter Trocknung dauerhaft mit schwarzem Papier, Blech oder Wachstuch. Nun wird die Probe am besten im Freien in Südwestrichtung aufgestellt, um sie gleichzeitig der stärksten Licht- und Wettereinwirkung auszusetzen. Nach einigen Monaten wird die Probe eingeholt, die Abdeckung entfernt und ein Vergleich beider Teile des Anstriches vorgenommen. Farbtondifferenzen und beginnende Oberflächenzerstörung durch Licht und Wetter sind im Vergleichswege mit der abgedeckt gewesenen Fläche deutlich erkennbar.

VI. Probenahme.

Alle auf die Prüfung von Maler- und Anstreicherfarben gerichteten Untersuchungsvorgänge setzen eine absolut einwandfreie und richtige Probenahme voraus. Eine genaue Beachtung der hierfür allgemein gültigen Regeln ist um so notwendiger, je größer das zu bemusternde Farbquantum ist. Sehr zweckmäßig ist für diese Arbeit die Verwendung eines sogenannten Probestechers, den man sich aus einem etwa ein Zoll starken Gasrohr von zirka $1^1/_2$ m Länge leicht selbst herstellen kann. Er dient dazu, um aus vollen Emballagen (Fässer, Kisten o. dgl.) ein einwandfreies Durchschnittsmuster entnehmen zu können. Man stößt das Gasrohr mit einem offenen Ende in das geöffnete Gefäß derart, daß tatsächlich aus allen Schichten desselben Farbteilchen in das Rohr gelangen können. Die so erhaltenen Probemengen werden hierauf vereinigt, gut durchgemischt und in einer dünnen Schichte, einem Beet, ausgebreitet. Nun wird durch Längs- und Querstrich das Probebeet in vier Teile geteilt. Zwei einander gegenüberliegende Teile werden miteinander neuerlich vermischt, während die beiden anderen Felder aus der Probe ausscheiden. Durch neuerliches Vierteln und Reduzieren in der eben beschriebenen Art erhält man zunächst ein Muster, mit dem zweckmäßig die Bestimmung des Wassergehaltes gleich durchgeführt wird.

Alle anderen Prüfungen werden dann am besten mit dem ungetrockneten Originalfarbpulver angestellt. Es empfiehlt sich, bei größeren Lieferungen die Durchführung der Musternahme in Gegenwart eines Vertreters der Lieferfirma vorzunehmen und durch gegenseitigen Siegelverschluß eines Teiles der genommenen Probe in einem Glasgefäß die Qualität der Lieferware unverändert sicherzustellen. Nur ein so vorbereitetes Schiedsmuster muß dann in Streitfällen unbedingt von beiden Teilen, Lieferant und Empfänger, als einwandfrei anerkannt werden.

Anhang.

Zusammenstellung der für die Farbenprüfung notwendigen Chemikalien und Geräte.

Die Anschaffung der mit * bezeichneten Gegenstände ist nicht unbedingt erforderlich, doch empfohlen. Die den Chemikalien beigefügten Abkürzungen bedeuten: konz. heißt konzentriert (unverdünnt), krist. heißt kristallisiert (in Kristallen), pulv. heißt pulverisiert (feines Pulver, unkristallisiert).

I. Chemikalien:

1.	100	Gramm	Ätznatron, gereinigt, in Stangen oder Plätzchen (Ostan).
2.	200	„	Alkohol, absolut 96%ig.
3.	200	„	Ammoniak (Salmiakgeist) konz.
4.	50	„	Ammoniumchlorid (Salmiaksalz) reinst.
5.	100	„	Ammoniumkarbonat (kohlensaures Ammonium) krist.
6.	50	„	Ammoniumoxalat (oxalsaures Ammonium) krist.
7.*	50	„	Bariumchlorid (salzsaures Barium) reinst, krist.
8.	100	„	Bleizucker (essigsaures Blei) reinst, krist.
9.	1	Heftchen	Bleizuckerpapier (Bleiazetatpapier).
10.	20	Gramm	Borax (borsaures Natrium) wasserfrei, pulv.
11.	100	„	Blutlaugensalz gelb (Kaliumferrozyanid) rein, krist.
12.*	50	„	Eisenchlorid (salzsaures Eisen) krist.
13.*	50	„	Eisenvitriol (schwefelsaures Eisen) rein, krist.
14.	200	„	Essigsäure konz. (Eisessig).
15.	1	Heftchen	Jodkalistärkepapier.
16.	20	Gramm	Kobaltnitrat (salpetersaures Kobalt) nicht absolut nickelfrei, krist.
17.*	50	„	Kupfervitriol (schwefelsaures Kupfer) krist.

18. 1 Heftchen Lackmuspapier blau.
19. 1 „ Lackmuspapier rot.
20. 50 Gramm Magnesiumchlorid (salzsaures Magnesium) krist.
21. 10 „ Phenolphtaleïn.
22. 50 „ Salpeter (salpetersaures Natrium) reinst, pulv.
23. 250 „ Salpetersäure reinst, konz.
24. 1000 „ Salzsäure reinst, konz.
25. 30 „ Schwefel pulv.
26. 100 „ Schwefelnatrium krist.
27. 350 „ Schwefelsäure reinst, konz.
28. 10 „ Silbernitrat (salpetersaures Silber, Höllenstein).
29. 100 „ Soda (kohlensaures Natrium) wasserfrei, reinst.
30. 1000 „ Wasser destilliert.

II. Geräte:

31. 2 Stück Asbestplatten 15 × 15 cm.
32. 2 „ Bechergläser 150—200 g Inhalt.
33. 1 „ Drahtnetz mit Asbesteinlage.
34. 1 „ Dreifuß.
35. 12 „ Reagensgläser (Proberöhren) 160 mm lang, 16 mm ⌀.
36. 1 „ Reagensglasbürste.
37.* 1 „ Reagensglashalter aus Holz oder Metall.
38.* 1 „ Reagensglasständer.
39. 3 Bogen Filtrierpapier.
40. 1 Stück Flasche mit Korkstopfen 1000 g Inhalt für 30.
41. 5 „ Flaschen mit Korkstopfen mit 250 g Inhalt für Lösungen von 6., 8., 11., 16., 21.
42.* 3 „ detto für Lösungen Post 7, 12, 17.
43. 1 kg Glasröhren Wandstärke 1 mm, lichter ⌀ 6 mm.
44. 3 Stück Glasstäbe beiderseitig abgeschmolzen.
45. 1 „ Glastrichter 70 mm ⌀.
46. 1 „ Hornlöffel zirka 15 cm Länge.
47. 1 „ Lötrohr.
48.* 1 „ Meßzylinder (Mensur) 500 ccm Inhalt.
49. 9 „ Opodeldokgläser mit Korkstopfen, 200 g Inhalt, für 1., 5., 9., 11., 15., 18., 19., 26., 29.
50.* 4 „ Opodeldokgläser mit Korkstopfen, 50 g Inhalt, für 7., 12., 13., 17.
51. 10 „ detto für 4., 6., 8., 10., 16., 20., 21., 22., 25., 28.
52. 1 „ Platindraht in Glasstab eingeschmolzen.
53. 1 „ Reagenzienflasche mit eingeriebenem Glasstopfen, 1000 g Inhalt, für 24.
54. 5 „ Reagenzienflaschen mit eingeriebenen Glasstopfen, 250 g Inhalt für 2., 3., 14., 23., 27.
55. 2 „ Reagenzienflaschen mit Kautschukstopfen, 250 g Inhalt, für Lösungen 20., 26.

56.	4 Stück		Reagenzienflaschen mit Glasstopfen für verdünnte Säuren 14., 23., 24., 27.
57.	1	„	Spirituslampe.
58.*	1	„	Spritzflasche.
59.*	1	„	Bunsen- oder Teclubrenner für Leuchtgasbetrieb.
60.	2	„	Uhrgläser 5 cm ⌀.
61.*	1	„	Waage mit Hornschalen und Gewichtssatz.

Herstellung der Vorratslösung für den Arbeitstisch.

Aus dem ersten Abschnitt dieses Buches und der vorstehenden Zusammenstellung ist zu entnehmen, welche Chemikalien für die Farbenuntersuchung nötig sind. Da die meisten derselben nicht in der Form angewendet werden, in der sie käuflich erhältlich sind, so ist die Herstellung von Vorratslösungen unerläßlich. Es empfiehlt sich in allen Fällen an Stelle des gewöhnlichen Trinkwassers (Brunnen- oder Leitungswassers) zur Herstellung dieser Lösungen destilliertes Wasser zu verwenden.

Säuren und Laugen.

Mit Wasser verdünnt werden die Salzsäure, die Schwefelsäure und die Salpetersäure, während die Essigsäure unverdünnt angewendet werden kann. Man vergesse nie, daß stets die konzentrierte Säure ins Wasser zu gießen ist und nie umgekehrt!

Die Salzsäure verdünnt man im Verhältnis 1 : 1, d. h. gleiche Teile Salzsäure und Wasser werden miteinander vermengt.

Die Schwefelsäure und die Salpetersäure sind hinreichend stark in der Verdünnung 1 : 2, d. h. 1 Teil Säure wird mit 2 Teilen Wasser vermengt.

Die Natron- oder Kalilauge wird durch Auflösung von festem Ätznatron oder Ätzkali erhalten. Hierbei tritt eine ziemlich starke Erwärmung ein, so daß empfohlen wird, das feste Ätzalkali nur partienweise in größeren Zeitabständen ins Wasser zu bringen. Zweckmäßig löst man 100 g festes Ätzalkali in 1 Liter Wasser auf.

Den Salmiakgeist (Ammoniak) kann man in der konzentrierten Form, so wie man ihn käuflich erhält, gebrauchen.

Salzlösungen.

1. Ammoniumoxalatlösung: Man stellt sich eine kalt gesättigte Lösung her, die daran erkenntlich ist, daß sich in der Flasche noch ungelöstes Ammoniumoxalatsalz befindet.

2.* Bariumchloridlösung:	Man stellt sich 10%ige Lösungen in Wasser her, d. h. man bringt 20 g des Salzes in 200 g Wasser.
3. Bleizuckerlösung:	
4.* Eisenchloridlösung:	
5. Kobaltnitratlösung:	
6.* Kupfervitriollösung:	
7. Schwefelnatriumlösung:	
8.* Silbernitratlösung:	

9. Magnesiamixtur: Man löst etwa 20 g Magnesiumchlorid in 200 g Wasser auf, gibt Ammoniumchloridsalz und Ammoniak zu; sollte ein weißer Niederschlag entstehen, so ist so lange festes Ammoniumchlorid zuzusetzen, bis dieser wieder verschwindet und eine vollkommen klare Lösung erhalten wird.
10. Phenolphtaleïnlösung: 1%ige Lösung in absolutem Alkohol, d. i. 1 g festes Phenolphtaleïn in 100 ccm Alkohol.

Man gewöhne sich daran, stets die zu lösende Substanz ins Wasser zu schütten. Es kann vorkommen, daß sich feste Substanzen manchmal nicht flott lösen; dann kann man die Lösungsgeschwindigkeit dadurch erhöhen, daß man die festen Körper in möglichst fein verteilter Form in die Flüssigkeit bringt (zerkleinern, pulverisieren), oder aber durch fortgesetztes Umrühren bzw. Erwärmen beschleunigt. Bildet sich hierbei ein geringfügiger Bodensatz, so entfernt man diesen durch Abfiltrieren, um solcherart nur absolut klare Lösungen zur Untersuchung bereitzuhalten.

Maß und Gewicht.

Die Einheit des vom metrischen Längenmaßsystem abgeleiteten Raummaßes ist 1 Liter, d. i. der Raum eines Kubikdezimeters.

1 Liter (l) = 1000 Kubikzentimeter (cm^3 = ccm).

Das Gewicht eines Liters Wasser wurde als Gewichtseinheit bestimmt.

1 Liter Wasser = 1 Kilogramm (kg)
1 kg = 100 Dekagramm (dkg)
1 dkg = 10 Gramm (g).

Somit wiegen 1000 cm^3 Wasser 1 kg und 1 cm^3 Wasser 1 g. 1 dkg Wasser nimmt daher einen Raum von 10 cm^3 ein.

Manzsche Buchdruckerei, Wien IX.

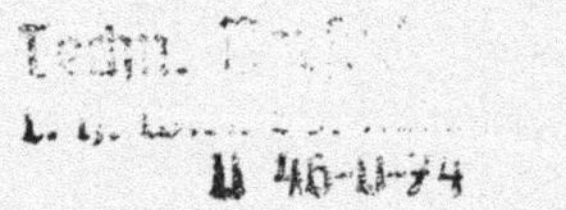

Bestimmungstabellen

für

Malerfarben

Die Tabellen dieser Tafel sind von 1—8 numeriert, die in den Tabellen enthaltenen Farben durchlaufend von 1—34. Diese Nummern entsprechen den Nummern im Text auf den Seiten 22—65

Tabelle 1a

Weiße Farben

Probe mit verdünnter Salzsäure oder Salpetersäure behandelt:

Es tritt Lösung unter starkem Aufbrausen ein:

1 Kreide (Wienerweiß): In Lauge unlöslich. Schwefelnatrium-Lösung schwärzt nicht!! Auf der Kohle keine sichtbare Veränderung. Nach dem Glühen, Lösung des geglühten Rückstandes in Wasser mit Lackmuspapier blau.

2 Bleiweiß: In Lauge löslich. Schwefelnatrium schwärzt. Auf der Kohle bleibende Gelbfärbung, dann Rötung, endlich ein weiches Bleikorn, das sich mit dem Messer schneiden läßt.

Probe löst sich ohne Aufbrausen:

4 Gips: In Lauge unlöslich. Weitere Nachweise auf Tabelle 1b.

6 Zinkweiß: In Lauge löslich. . . . .

Probe löst sich teilweise bei gleichzeitiger Entwicklung von Schwefelwasserstoffgas (Erkennbar am Geruch und Schwärzung von feuchtem Bleizuckerpapier):

7 Lithopone: Wegen des Schwerspatgehaltes in Lauge unlöslich . . . .

(Zu 6 und 7:) Auf der Kohle erhitzt, mit Kobaltsolution befeuchtet und neuerlich erhitzt — Grünfärbung (Rinmanns-Grün). Beim Glühen in der Hitze gelb in der Kälte wieder weiß. — Beides Zinknachweis! Schwefelnatrium schwärzt nicht.

Fortsetzung nächste Tabelle 1b.

Tabelle 1b	**Weiße Farben**

Fortsetzung von Tabelle 1a.

Probe mit verdünnter Salzsäure oder Salpetersäure behandelt:

Probe bleibt ungelöst:

Eine weitere Probe wird in einer Lösung von Ammonkarbonat in Wasser gekocht und mit Salzsäure angesäuert.

Es tritt Lösung ein:

4 Gips: Die Lösung wird halbiert; 1. Teil mit Ammoniak und Ammonoxalat weißer Niederschlag (Kalknachw.), 2. Teil mit Bariumchlorid schweren weißen Niederschlag (Schwefelsäurenachw.)

Es tritt keine Lösung ein:

3 Schwerspat (Blanc fixe): Mit Soda auf der Kohle geschmolzen, liefert die erkaltete Schmelze auf einem blanken Silberblech oder einer gut gescheuerten Silbermünze einen braunen Fleck. (Hepar-Reaktion.)

5 Ton: Mit Soda auf der Kohle geschmolzen, mit Kobaltsolution betupft und neuerlich erhitzt, gibt Blaufärbung. (Thénards-Blau.)

8 Titanweiß:[1]) Die Probe wird mit doppelter Sodamenge auf der Kohle gut geschmolzen und die Schmelze gedrittelt; 1. Teil wird mit Salzsäure ausgekocht, filtriert und Wasserstoffsuperoxyd versetzt: Gelbfärbung (Titannachweis); 2. Teil auf dem Silberblech Hepar-Reaktion (Blanc-fixe-Nachweis); 3. Teil verbleibt auf der Kohle, Rinnmanns-Grün (Zinkweiß-Nachweis).

[1]) Die verschiedenen Arten von Titanweiß — Niederschlags- und Mischpigmente — kann man auf chemischem Wege nicht voneinander unterscheiden!

<table>
<tr><th colspan="2">Tabelle
2</th><th colspan="2">Gelbe Farben</th></tr>
<tr><td rowspan="6">Probe mit verdünnter Salzsäure behandelt:</td><td rowspan="2">Es entsteht eine gelbe Lösung:</td><td colspan="2">11 Zinkgelb: Bei Zusatz von Alkohol Grünfärbung. Probe ist in Lauge löslich. Schwefelnatrium schwärzt nicht. Auf der Kohle mit Soda geschmolzen und Kobaltsolution befeuchtet grün; Boraxperle grün.</td></tr>
<tr><td>10 Chromgelb:</td><td rowspan="2">Bei Zusatz von Alkohol zur Lösung Grünfärbung. Probe mit Lauge rot, später Lösung, fällt wieder durch Essigsäure als gelber Niederschlag. Schwefelnatrium schwärzt. Auf der Kohle ein Bleikorn. Boraxperle grün.</td></tr>
<tr><td rowspan="2">Es entsteht eine gelbe Lösung mit weißem Rückstand:</td><td>10 Chromgelb:
Rückstand in Salpetersäure löslich, gibt mit Schwefelsäure weißen Niederschlag
Lösung . . . .</td></tr>
<tr><td colspan="2">9 Ocker: Rückstand mit Soda erhitzt und Kobaltsolution befeuchtet Blaufärbung (Tonnachw.). — Lösung mit gelbem Blutlaugensalz dunkelblauer Niederschlag, mit Ammoniak braune Flocken. Schwefelnatrium schwärzt nicht. Beim Glühen dunkelbraun.</td></tr>
<tr><td rowspan="2">Probe bleibt ungelöst; Schwefelnatrium schwärzt:</td><td colspan="2">12 Bleigelb: In Salpetersäure löslich; bei Zusatz von Schwefelsäure weißer Niederschlag. Auf der Kohle weiches Bleikorn, das sich mit dem Messer leicht schneiden läßt.</td></tr>
<tr><td colspan="2">13 Neapelgelb: In Salpetersäure nahezu unlöslich. Mit Schwefel und Soda im Glühröhrchen geschmolzen, die Schmelze ausgelaugt, filtriert und mit Salzsäure angesäuert ergibt orangeroten Niederschlag. Auf der Kohle hartes, sprödes Bleikorn, das sich mit dem Messer nicht schneiden läßt.</td></tr>
</table>

Tabelle 3	Rote Farben

<table>
<tr><td rowspan="4">Probe mit verdünnter Salzsäure behandelt:</td><td rowspan="2">Probe löst sich fast gänzlich auf:</td><td>14 Chromrot: Es zeigt die gleichen Reaktionen wie Chromgelb 10. Ev. Rückstand ist in Salpetersäure löslich, gibt mit Schwefelsäure weißen Niederschlag. Zusatz von Alkohol zur salzsauren Lösung gibt Grünfärbung. In Lauge löslich, fällt durch Essigsäure als gelber Niederschlag. Schwefelnatrium schwärzt. Auf der Kohle Bleikorn.</td></tr>
<tr><td>16 Englischrot: Ev. verbleibender Rückstand wird abfiltriert. Lösung mit Blutlaugensalz dunkelblauer, mit Ammoniak brauner Niederschlag. Schwefelnatrium gibt keine Schwärzung.</td></tr>
<tr><td>Probe löst sich schwer unter Entwicklung von Chlorgas. Nachweis mit Jodkalistärkepapier:</td><td>15 Mennige (Minium): Ev. weißer Rückstand ist in Salpetersäure löslich. Schwefelnatrium schwärzt. Auf der Kohle beim Schmelzen weiches Bleikorn, das sich mit dem Messer leicht schneiden läßt.</td></tr>
<tr><td>Probe ist unlöslich:</td><td>17 Zinnober, echt: [2]) Ist auch in Lauge vollkommen unlöslich. Im Glühröhrchen erhitzt, bildet sich an den kalten Wandungen desselben ein Quecksilberspiegel und Geruch nach verbranntem Schwefel. Schwefelnatrium schwärzt nicht.</td></tr>
</table>

[2]) Zinnober-Imitationen sind nach den für Farblacke geltenden Methoden zu bestimmen!

Tabelle 4 — Braune Farben

Probe mit verdünnter Salzsäure behandelt:			
	Probe löst sich teilweise:	**18 Umbra, echt:** Es entsteht Chlorgas. (Feuchtes Jodkalistärkepapier wird violett.) Probe mit Schwefelsäure aufgekocht und Bleiminium-Salpetersäuregemisch versetzt, gibt Rosafärbung.	Eisennachweis: Klare Lösung halbieren 1. Teil mit Ammoniak braüner und 2. Teil mit Blutlaugensalz blauer Niederschlag.
		20 Ocker, gebrannt: Es bleibt lichter Rückstand. (Tonnachweis!)	
	Probe unlöslich:	**19 Kasseler Braun:** Mit Lauge braune Lösung. Beim Glühen graubraune Asche.	

Tabelle 5 — Blaue Farben

Probe mit verd. Salzsäure behandelt:		
	Probe löst sich:	**24 Bergblau:** Durch Zusatz von genug Ammoniak wird Lösung dunkelblau. Schwefelnatrium schwärzt. Bergblau wird beim Glühen schwarz.
	Probe ist unlöslich:	**23 Kobaltblau:** Auch in Lauge unlöslich. Boraxperle wird blau.
		21 Berlinerblau: Durch Lauge braun. Beim Glühen Geruch nach bitteren Mandeln (Zyangeruch — Vorsicht!).
	Probe entfärbt sich:	**22 Ultramarinblau:** Es entsteht Schwefelwasserstoffgas, erkennbar am Geruch nach faulenden Eiern, Bleizuckerpapier wird geschwärzt. In Lauge unverändert, beim Glühen etwas dunkler.

Tabelle 6 — Grüne Farben

Probe mit verdünnter Salzsäure behandelt:				
	Probe löst sich auf:		**27 Schweinfurtergrün:** Durch Zusatz von Ammoniak dunkelblaue Färbung. Lauge verfärbt rotbraun, Schwefelnatrium gibt Schwärzung. Auf der Kohle direkt erhitzt, Geruch nach Knoblauch. (Arsennachweis).	
	Probe unlöslich:		**25 Chromoxydgrün:** Auch in Lauge unlöslich. Mit Soda und Salpeter erhitzt — gelbe Schmelze, die in heißem Wasser lösbar ist; im Filtrat dieser Lösung erhält man mit Bleizuckerlösung gelben Niederschlag.	
	Probe hinterläßt nach dem Filtrieren einen	lichten Rückstand:	**28 Ultramaringrün:** Der Rückstand ist Schwefel; der sich entwickelnde Schwefelwasserstoff ist erkennbar am Geruch. (schwärzt Bleizuckerpapier!)	
			26 Grünerde: Der Rückstand ist Ton; auf der Kohle Thénards-Blau. Im Filtrat mit Blutlaugensalz dunkelblauer, mit Ammoniak brauner Niederschlag.	
		grünen Rückstand:	**31 Permanentgrün (Viktoriagrün):** Rückst. mit Salpeter und Soda geschmolzen usw. (siehe 25!) Außerdem Hepar-Reaktion. Filtrat mit Alkohol eventuell Grünfärbung.	Die Bestimmung der Mischgrüne erfolgt sicherer nach dem Gang Tabelle 7.
		blauen Rückst.; Filtr. mit Alkohol Grünfärbung. Im Glühröhrchen Zyangeruch:	**29 Chromgrün:** Schwefelnatrium schwärzt.	
			30 Zinkgrün: Schwefelnatrium schwärzt nicht!	

Tabelle 7	(Bestimmung der Mischgrüne) **Grüne Farben**			
Probe mit Lauge behandelt:	Probe löst sich fast gänzlich auf:	Ev. Rückstand muß man abfiltrieren! Klare Lösung wird halbiert.	**29 Chromgrün:** 1. Teil mit Schwefelnatr. schwarzer Niederschlag; 2. Teil mit Essigsäure gelber Niederschlag.	Glühen: Zyangeruch.
			30 Zinkgrün: 1. Teil gibt mit Schwefelnatrium schmutzig-weißen Niederschlag. 2. Teil mit Essigsäure unverändert.	
	Probe nahezu unlöslich:	**31 Permanentgrün (Viktoriagrün):** Probe mit Salpeter und Soda geschmolzen usw. (siehe 25!). Außerdem Hepar-Reaktion. Filtrat mit Alkohol eventuell Grünfärbung. (Zinkgelbnachw.).		

Tabelle 8	**Schwarze Farben**	
Probe mit verdünnter Salpetersäure behandelt, filtriert und das Filtrat mit Magnesiamixtur versetzt:	Es entsteht ein weißer Niederschlag:	**33 Beinschwarz:** Wird das Filtrat mit Ammonmolybdatlösung versetzt, so erhält man gelben Niederschlag. Beim Glühen verbleibt körnige Asche.
	Es entsteht kein Niederschlag:	**32 Rebenschwarz:** Die Probe hinterläßt beim Glühen eine pulvrige Asche.
		34 Ruß: Die Probe verbrennt beim Glühen restlos ohne Hinterlassung eines Rückstands.